sketching

제품 디자이너를 위한 드로잉과 렌더링 교과서

제품 디자인 스케치 바이블

쿠스 에이센, 로셀린 스퇴르 지음

허보미 옮김

유엑스 리뷰

제품 디자인 스케치 바이블

제품 디자이너를 위한 드로잉과 렌더링 교과서

개정 1판 1쇄 2023년 2월 6일

발행처 유엑스리뷰 | **발행인** 현호영 | **지은이** 쿠스 에이센, 로셀린 스퇴르 |

옮긴이 허보미 | **주소** 서울 마포구 백범로 35 서강대학교 곤자가홀 1층 | **팩스** 070.8224.4322 |

등록번호 제333-2015-000017호 | **이메일** uxreviewkorea@gmail.com

ISBN 979-11-88314-44-7

SKETCHING: Drawing Techniques for Product Designers

by Koos Eissen, Roselien Steur

This original edition of this book was designed, produced and published in 2007
by BIS Publishers, Amsterdam under the title Sketching: Drawing Techniques for Product Designers.

This Korean edition was published by UX REVIEW in 2020 by arrangement with
Laurence King Publishing Ltd. through KCC (Korea Copyright Center Inc.), Seoul.

유엑스 리뷰

서문

많은 분의 도움이 없었다면 이 책을 만들어내지 못했을 것이다. 우리의 요청에 적극적으로 응해준 제품 디자이너들 덕분에 책을 준비하는 내내 행복했다. 디자이너들은 각 영역의 유의미한 통찰력은 물론 좋은 드로잉과 스케치 작업본을 제공해 주었다. 초반 스케치 작업만 봐도 최종 디자인이 어떻게 나올지 짐작할 수 있을 때가 있다. 이 책에 실린 디자이너들의 작업물이 바로 그런 경우다. 이런 작품들을 소개할 수 있어서 영광이었다. 또한 사진을 게재할 수 있게 해준 사진가들께도 감사를 드린다.

델프트공과대학교(Delft University of Technology) 산업디자인과(the Faculty of Industrial Design)와 위트레흐트 미술대학(The Utrecht School of Arts) 디자인학과 덕분에 이처럼 멋진 기획을 할 수 있었다. 책 집필 초기 단계를 함께해준 Yvonne van den Herik에게도 특별한 감사를 표한다. 그녀의 연구 덕분에 이 책이 한층 풍부해질 수 있었다.

쉽지 않았던 책 작업 때문에 주변 사람들에게 "죄송해요, 바빠서요."라고 말하기 급급했던 우리를 인내해 준 모든 분들께 감사를 드린다. 드디어 책이 마무리되어서 기쁘다. 이제 그 기다림에 보답하겠다.

쿠스 에이센, 로셀린 스퇴르
www.sketching.nl

저자 소개
저자인 쿠스 에이센과 로셀린 스퇴르 모두 제품 디자인과 드로잉 기법을 가르치고 있다. 에이센은 델프트공과대학교의 부교수로 산업디자인 공학과에서 프리핸드 드로잉 수업을 맡고 있다. 스퇴르는 3D 사운드 조각가이자 위트레흐트 미술대학 시각예술 디자인학과에서 교수로 재직 중이다.

서문

1장

측면 스케치   9

측면 스케치는 제품의 3차원 모습을 쉽게 연상할 수 있게 해준다. 일반적으로 측면 스케치가 투시도법 드로잉보다 쉽기 때문에 측면 스케치를 자주 접하게 될 것이다. 가정용 소형 믹서기 디자인 작업을 통해 측면 스케치의 기본 드로잉 기법을 단계별로 살펴보자.

2장

투시도법 드로잉   27

투시도법 드로잉을 하려면 기본적인 투시도법 규칙을 알고 있어야 한다. 기본적인 규칙들은 시각 정보를 전달하는 도구로도 활용될 수 있다. 2장에서는 투시도법의 다양한 양상과 투시도법이 드로잉에 주는 영향에 대해 다룬다.

3장

형태 단순화하기   55

분석 능력을 키우면 복잡한 상황을 이해하기 쉽게 단순화시킬 수 있다. 효과적인 분석이 효과적인 드로잉을 만든다. 3장에서는 드로잉을 위한 효과적인 접근법을 알아보기 위해 복잡한 드로잉과 단순한 드로잉을 비교 분석해 본다. 사각형, 타원, 원기둥, 평면이 형태 단순화의 주요 포인트다. 이 순서대로 다음 장들이 진행된다.

4장

기본적인 형태와 음영   67

깊이감을 주려면 투시도법뿐만 아니라 음영법도 필요하다. 드로잉에 나타나는 직접적인 공간감은 대체로 명암의 대비와 빛의 방향 설정에 의해 결정된다. 4장에서는 대부분의 드로잉에서 기초가 되는 요소인 기본 형태에 나타나는 빛의 영향을 살펴본다.

5장

타원에 주목하기   81

많은 사람이 '자동적으로' 사각형을 기본 형태로 잡고 대상을 그리기 시작하는데 원기둥이나 타원 형태로 시작하는 것이 더 적합한 경우가 많다. 이러한 접근법에 따라 5장에서는 다른 형태들과 관계되는 타원의 주요 역할에 대해 알아본다.

6장

곡면 109

거의 모든 산업 제품은 곡면을 가지고 있다. 자세히 분석해 보면 결국 제품의 형태는 원기둥, 구, 사각형이 부분적으로 조합된 것이라고 할 수 있다. 기본 곡면 형태는 몇 가지로 한정되어 있지만, 그 기본 도형이 수많은 형태로 변형될 수 있다. 이러한 구조를 이해하면 형태 분석을 바탕으로 더욱 효과적인 드로잉을 할 수 있다.

7장

평면/단면 133

단면 드로잉으로 표면을 굴곡지게 표현할 수 있고 예측하기 어려운 형태를 단면으로 들여다봄으로써 구조를 쉽게 파악할 수도 있다. 또한 단면 드로잉은 형태를 쌓아올리면서 만들어지는 물체나 형태 변화를 나타낼 때 주로 사용된다. 경우에 따라 입체적 형태가 아니라 평면 형태로 드로잉을 시작하기도 한다.

소개

8장

아이데이션(Ideation) 153

대부분의 디자이너가 디자인의 초기 (직관적인) 단계에서는 수작업 스케치를 하지만 일부는 3D 스케치를 더 선호하기도 한다. 디자인 과정에서 스케치만 단독으로 사용되는 것은 아니다. 모델링(modelling), 컴퓨터 렌더링(rendering)처럼 아이데이션이나 프레젠테이션 작업 방식과 스케치를 결합해서 진행한다. 8장에서는 스케치가 아이디어 작업 과정에 어떻게 활용되는지 실 사례를 중심으로 살펴본다.

소개

9장

제품 설명을 위한 드로잉 179

드로잉은 제품 정보를 다른 사람에게 설명하기 위한 도구로 사용되기도 한다. 예를 들어 제품의 기술적 부분을 공학적으로 어떻게 통합시킬지 논의할 때나 최종 사용자에게 제품 작동법을 설명할 때 사용된다. 시간이 지나면서 기술적 부분을 논의할 때 사용되는 특정한 유형의 드로잉이(분해도, 사용설명서 등) 생기기도 했다.

소개

10장

표면과 질감   197

재료의 특성(투명도, 유광, 짜임새)을 이차원의 그림에도 담아낸다면 제품 드로잉을 보다 사실적으로 표현할 수 있다. 이 작업의 목적은 제품을 사진처럼 사실적이고 정확하게 그리는 것보다는 제품의 느낌이나 특성에 대한 통찰력을 얻고, 재료의 질감을 효과적으로 나타내는 데 있다. 질감 표현을 통해 드로잉의 완성도가 한층 더 높아질 수 있고, 디자인 과정에서 의사결정을 내릴 때도 이러한 드로잉을 기반으로 결정할 수 있다.

11장

빛을 내는 물체 표현하기   221

빛을 발산하는 물체를 그릴 때는 특별한 드로잉 기법이 필요하다. 11

장에서는 디지털 기기의 백라이트(backlights) 발광부나 LED처럼 밝은 빛이나 희미한 빛을 표현하는 기법을 살펴본다.

12장

맥락/상황   235

산업 제품은 사람, 인터페이스(interfaces), 상호작용, 인체공학과 연관되어 있다. 일부 제품은 관련된 맥락을 모르면 다른 사람들, 예를 들어 해당 분야나 디자인을 잘 모르는 마케팅 담당자나 스폰서가 이해하기 어려울 수 있다. 사람이나 주변 환경을 드로잉에 이용하면 실제로 사용되는 상황 안에 제품을 배치할 수 있고, 실생활에서 갖는 제품의 의미나 크기에 대한 정보를 제공할 수도 있다.

들어가며

디자이너들이 아직도 수작업으로 드로잉할까? 지금과 같은 디지털 시대에 컴퓨터를 사용하는 것이 더 발전된 모습이 아닐까? 어떤 사람들은 이렇게 스케치가 더 이상 필요 없는 기술이라고 생각할 수 있다. 하지만 일단 디자인 스튜디오에서 일하게 되면, 현실은 이와 다르다는 것을 금방 알게 된다. 스튜디오에서는 여전히 대부분의 스케치와 드로잉이 수작업으로 이루어진다. 의사 결정 과정에서 수작업 스케치 및 드로잉은 중요한 요소이고 디자인 초기 단계, 브레인스토밍 단계, 연구 및 콘셉트 개발, 프레젠테이션 단계에서 두루 사용한다. 드로잉은 음성 설명 방식 다음으로 동료 디자이너와 엔지니어, 모델 제작자뿐만 아니라 고객과 협력업체, 관공서 등과 소통할 때도 활용하는 매우 효과적인 도구로 자리매김했다.

드로잉과 스케치에 관한 이 책의 집필 목적은 디자인 과정에서 스케치가 얼마나 중요하고 막강한 힘을 가지고 있는지 보여 주는 것이다. 기술은 중요하다. 하지만 간단한 스케치만으로도 최종 결과가 어떤 모습일지 보여 줄 수 있는 디자이너들이 있다.

우리는 디자인 스튜디오에서 스케치와 드로잉이 갖는 의미를 분석했다. 네덜란드의 스튜디오를 직접 방문하면서 설문조사를 실시했고, 산업 디자인이나 다른 분야의 디자인 작업에 사용되고 있는 스케치와 드로잉 기술에 대한 전반적인 설명도 들을 수 있었다. 디자인 스케치를 분석하는 과정에서 디자인의 목적이나 맥락을 이해하지 않고서는 그 드로잉을 '좋다, 나쁘다'로 평가할 수 없다. 보다 생산적인 방식은 그 드로잉이 효과적인지 아닌지 따져 보는 것이다. 디자인 초기 단계에서 사진처럼 사실적인 드로잉은 '훌륭해' 보일 수는 있으나 효과적이지는 않을 수 있다. 드로잉은 언어와도 같다. 이러한 측면에서 엔지니어와 협업할 때는 분해도 혹은 측면도를 선택하는 것이 효과적이다. 왜냐하면 분해도, 측면도와 같은 드로잉은 엔지니어들이 사용하는 시각 언어의 일부이기 때문이다.

디자인 과정 또는 최종 결과와 관련이 있는 스케치들이 해당 맥락에 대한 설명과 함께 이 책에 담겨 있다. 디자인 프로젝트들은 스튜디오의 프레젠테이션과 다름없다. 그렇기 때문에 전혀 다른 디자인 환경에서 제작된 다양한 스케치 방식과 용례를 살펴볼 수 있는 흥미로운 기회가 될 것이다. 또한 책을 통해 탐구, 선택, 소통의 작업 세계를 엿볼 수 있으며, 드로잉의 중요성을 알게 되리라고 생각한다.

우리는 산업 디자이너 그리고 디자인을 응용예술로 인식하는 '3D 디자이너'와 함께 작업했다. 디자이너에게 있어 드로잉의 역할이나 스타일은 각양각색이었다.

이 때문에 이러한 차이에, 그리고 또 비슷함에 집중하는 작업은 흥미로웠다. 드로잉은 비전을 표현할 수 있고, 가능한 솔루션을 제시하며 아이디어를 창출하거나 시각화하고, 또는 '종이에 생각을 담아내는 데' 사용할 수 있다. 어떤 스케치가 디자인 과정에 가장 큰 영향을 줄까? 그런 스케치가 최종적인 제품과는 어떤 연관성을 가지고 있을까?

시중에 이미 드로잉 기법과 관련된 책들이 나와 있다. 하지만 대부분은 어떻게 드로잉을 해야 하는지 혹은 투시도법 규칙에 대한 설명, 드로잉 활용법, 그리고 드로잉의 결과를 보여주는 것에 그친다. 드로잉을 보다 깊게 이해하기 위해서 우리는 작업 과정을 뒤바꾸고 싶었다. 즉, 설명을 제시하고 결과물을 보여 주기보다 독자들을 자극해서 활발하게 참여시키고 싶었던 것이다. 스튜디오의 작업과정을 살펴보면서 정보를 찾아보고, 이를 통해 배우고 해당 디자인에 대한 설명을 직접 찾을 수 있게 말이다.

관련 드로잉 아이템과 설명 사이에 디자인 스튜디오의 실제 스케치 작업을 배치한 것도 이 때문이다. 이는 또한 이 책이 드로잉 강좌라기보다 참고서에 가깝다는 것을 의미한다. 주요 타깃 독자층은 디자인을 전공한 학생으로 설정했다.

우리는 '왜'라는 질문에 보다 깊숙이 파고들고 싶었다. 드로잉에는 항상 이유가 있어야 하고 어떻게 그려지는지, 그리고 드로잉의 목표는 무엇인지가 담겨 있어야 한다. 드로잉을 배우는 것은 글쓰기를 배우는 것과 비슷하다. 어떤 사람은 다른 사람보다 훌륭한 손글씨체를 가지고 있을지 모르나 글씨체와 상관없이 모든 글쓰기는 다른 사람이 읽을 수 있어야 한다. 좋은 스토리가 항상 최상의 글씨체로 작성되지는 않는다. 드로잉 실력은 향상시킬 수 있고, 그렇게 되면 확실히 효과적인 드로잉을 할 수 있다. 하지만 드로잉의 목적과 이유가 더 중요하다.

시각화되는 콘텐츠가 변해왔듯이 드로잉의 목적 또한 변화해왔다. 컴퓨터 렌더링이 본격적으로 도입되던 초기에는 수작업 스케치를 디자인 초기 단계의 아이디어 도출 혹은 브레인스토밍 과정에만 사용되는 부차적인 것으로 여겼다. 하지만 이제 컴퓨터 사용이 자리를 잡으면서 이에 따른 장점 그리고 단점이 명확해졌기 때문에, 수작업 스케치와 드로잉을 재평가해 보아야 할 시기가 되었다.

시간은 항상 중요한 문제다. 일은 신속하게 처리해야 하고, 효과적으로 제품을 시각화하는 것이 무엇보다 중요하다. 이 때문에 제품을 연상시킬 수 있는 즉각적인 스케치가 시간이 오래 걸리는 렌더링보다 유용할 때가 많다. 컴퓨터 렌더링으로 제품을 시각화하면, 고객들은 이 작업을 더 이상 변경할 수 없다고 인식할 수 있기 때문에 디자인 방향이나 가능성을 아직 논의 중인 단계에서 렌더링은 적합하지 않다. 초반 브레인스토밍 스케치를 고객들에게 내보일 수 있을 만한 수준으로 업그레이드하는 방법은 많다. 스케치는 시간을 절약할 수 있고 드로잉하는 과정 중에도 직관적으로 디자인을 수정 반영할 수 있지만, 렌더링을 하면 완성될 때까지 이러한 즉흥적인 작업이 불가능하다.

치열한 경쟁 시대에서 살아남으려면 디자인은 한눈에 확 들

어와야 한다. 디자인을 프레젠테이션 할 때는 대부분 마케팅 담당자나 스폰서같이 디자인 분야 종사자가 아닌 사람들을 대상으로 하게 되는데, 이때 말로 같이 설명할 수 없는 경우도 있다. 그렇기 때문에 디자인 이미지(그림, 사진 등)는 기억하기 쉽고, 흥미를 끌고, 강력해야 한다. 이와 같이 시각적 의사소통을 바라보는 혁신적인 방식이 필요하다.

이와 관련된 요즘 트렌드는 제품 디자인이나 아이디어에 대해서 논의할 때 해당 제품이 사용되는 상황 안에 제품을 배치시켜 설명하는 것이다. 이렇게 하면 배경지식이 전혀 없는 사람도 이해하기 쉽고, 소통이 쉬워진다. 즉 제품 사용 시나리오와 같은 디자인 이미지를 만들 수 있고, 실생활에서 디자인 제품이 어떻게 사용되는지 그 '느낌'과 '감정'을 고스란히 전달할 수 있다. 이때 수작업 드로잉으로 그 효과를 극대화할 수 있다.

많은 스튜디오에서 앞서 언급한 여러 이유로 수작업 드로잉을 재고하고 있고, 이 때문에 프리핸드 드로잉이 다시금 주목받고 있다. 특히 단순히 드로잉 자체로서 뿐만 아니라 디지털 미디어와 혼합되어 사용되는 방식, 즉 디지털과 아날로그의 장점을 적절히 취할 수 있는 방식으로 드로잉이 활용되고 있다. 이 책에서는 종이에 그려지는 프리핸드 드로잉 방식과 그래픽 소프트웨어나 태블릿, 디지털 펜, 에어브러시를 이용한 드로잉 방식이 매우 비슷하기 때문에 동등한 방식으로 간주했다. 어떤 마커를 사용해야 하는지 혹은 어떤 에어브러시가 적합한지에 집중하기보다는 전반적인 색감 논의에 주목했다. 또한 다양한 매체에 적용할 수 있는 보편적인 방법으로서의 드로잉 양상과 기법을 다루었다.

이에 더해, 책을 통해 네덜란드의 전반적인 디자인을 살펴볼 수 있을 것이다. 디자인을 향한 다양한 접근법을 집대성한 책으로 각 스튜디오만의 비밀을 일부분 공개하고, 대부분 스튜디오 밖으로는 유출되지 않을 특별한 (그리고 프리핸드 스케치의 힘을 활용한) 디자인 드로잉을 소개한 책이라고 하겠다.

쿠스 에이센, 로셀린 스퇴르

8

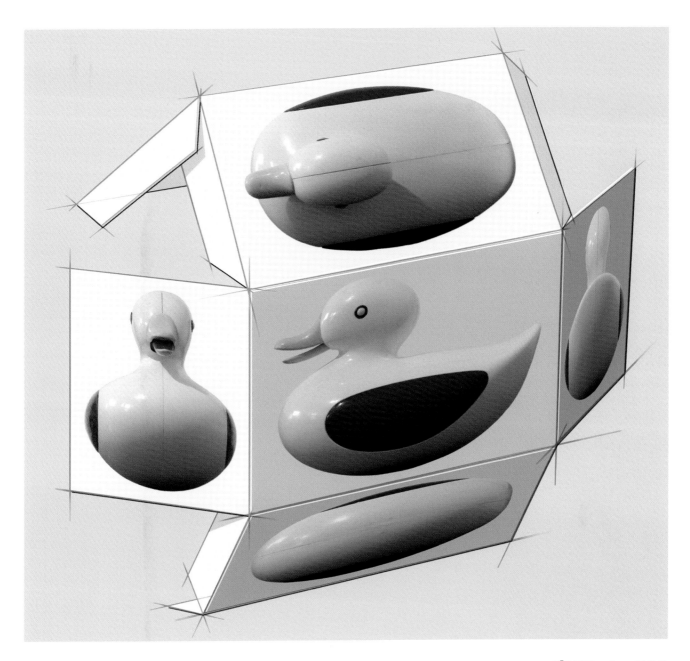

측면 스케치

1장

측면, 또는 아이소메트릭(isometric) 각도는 대상을 이론적으로 표현하는 방법이다. 이에 대한 역사적인 배경은 공학 분야에서 형태에 관한 기술적 정보를 제시할 때 측면이나 단면을 이용했던 것에서 찾아볼 수 있다. 일반적으로 사용되는 표현 방법은 미국식 투영 방식으로, 다양한 각도에서 보이는 각 부분을 특정 방식으로 배치하는 것을 말한다. 위의 그림과 같이 대상의 특징을 가장 잘 보여 주는 측면도를 중앙에 놓고, 상단에서 본 모습을 그 위에, 좌측에서 보이는 모습을 왼쪽에 배치하는 것이다. 대부분의 경우 제품에 대한 기본적인 아이디어를 제시하는 데는 측면 스케치면 충분하다.

일반적으로 측면 드로잉이 투시도법 드로잉보다 쉽기 때문에 평면상에서 제품을 3차원적으로 표현할 때는 측면 스케치가 편하다. 아이디어 작업 과정에서 측면 각도를 이용하면 스케치 작업 속도를 높일 수 있다. 많은 디자이너들이 디자인 초기 단계에서는 측면 드로잉을 선호한다. 투시도법 스케치는 즉흥적이거나 잘 정리되지는 않았지만 유의미한 아이디어를 즉각적으로 반영하기 힘들기 때문이다.

시작하기

시작 단계에서 실제 이미지를 대고 따라 그리는 언더레이 (underlay) 밑그림은 많은 장점을 가지고 있다. 일단 드로잉의 속도를 높여줄 수 있고, 제품의 비율, 부피, 크기에 대한 사실적 감각을 익힐 수 있다. 기존 제품 사진을 사용해서 가정용 소형 믹서기를 재디자인 할 때, 1:1 실측 사이즈로 드로잉하면 실제 손크기와 그립을 비교해 볼 수 있어서 편리하다. 따라서 인체공학적 디자인과 제품의 현실적 외관이 쉽게 통합될 수 있다. 여러 전형적인 믹서기를 드로잉함으로써, 이해하기 쉽고 비례감 있는 디자인 제안서를 만들 수 있다.

선 드로잉만으로는 다양한 해석이 가능하기 때문에, 입체감을 표현하려면 음영 표현을 추가해야 한다. 적합한 빛의 방향(좌측 상단, 보는 이로부터 약간 떨어진 방향에서 나와 물체를 향해가도록)을 설정해서 스케치하면 제품의 입체감이나 형태 변화를 알아보기 쉽다. 선 드로잉에 입체감이나 색을 더할 때, 스타일이나 느낌 같은 부분에 대한 의사결정은 즉각적으로 이루어져야 한다. 음영 효과는 매우 중요하다. 이 때문에 빛과 음영에 대한 지식이 이 책 전체를 관통하는 주요 테마가 될 것이다.

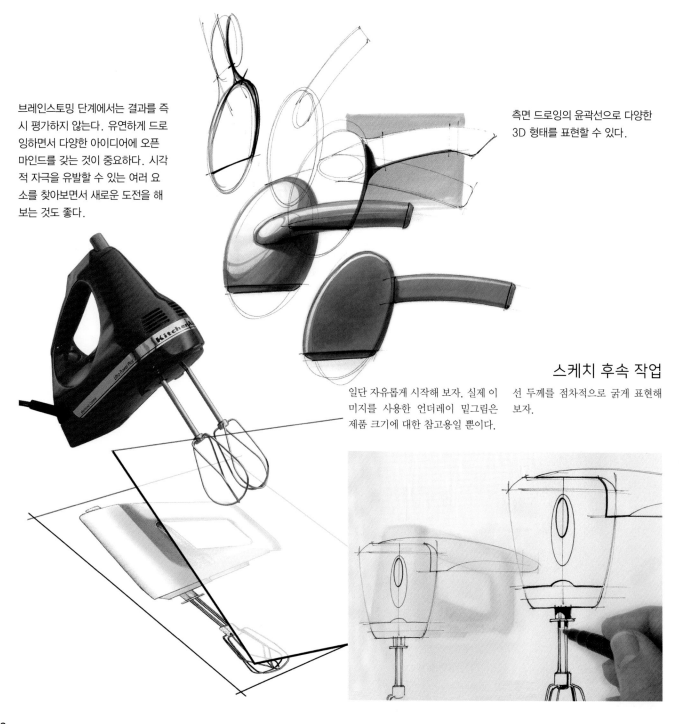

브레인스토밍 단계에서는 결과를 즉시 평가하지 않는다. 유연하게 드로잉하면서 다양한 아이디어에 오픈 마인드를 갖는 것이 중요하다. 시각적 자극을 유발할 수 있는 여러 요소를 찾아보면서 새로운 도전을 해보는 것도 좋다.

측면 드로잉의 윤곽선으로 다양한 3D 형태를 표현할 수 있다.

스케치 후속 작업

선 두께를 점차적으로 굵게 표현해보자.

일단 자유롭게 시작해 보자. 실제 이미지를 사용한 언더레이 밑그림은 제품 크기에 대한 참고용일 뿐이다.

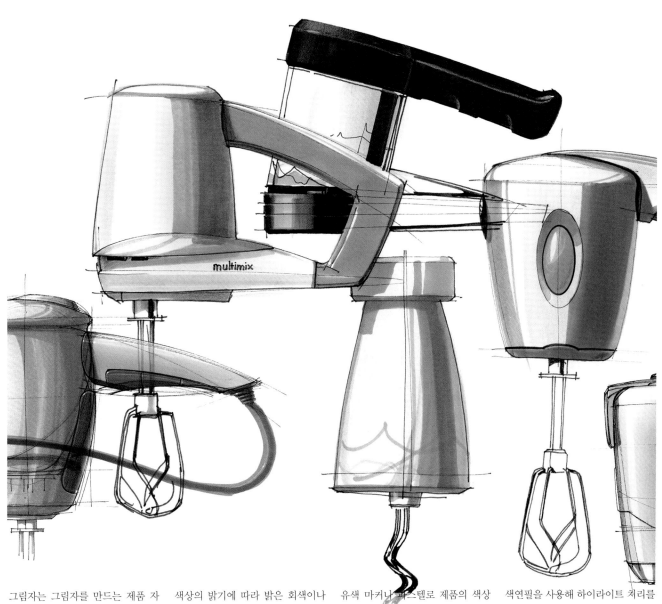

그림자는 그림자를 만드는 제품 자체의 형태뿐만 아니라 그림자가 드리우는 특정 부분의 형태에 대해서도 알 수 있게 해준다.

색상의 밝기에 따라 밝은 회색이나 어두운 회색 마커를 이용하면, 필요 시 해당 색감을 더 어둡게 표현할 수 있다.

유색 마커나 파스텔로 제품의 색상을 제안해 볼 수 있다.

색연필을 사용해 하이라이트 처리를 하거나 디테일을 표현하면 드로잉의 완성도를 높일 수 있다.

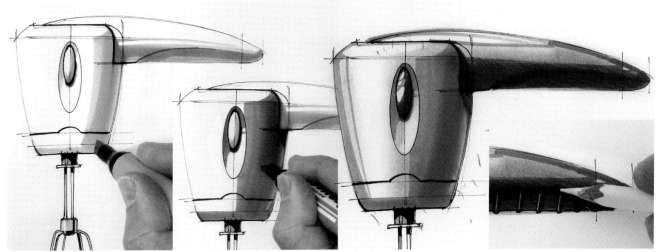

키친에이드 핸드믹서(KitchenAid Ultra Power Plus Handmixer) 사진 : 월풀(Whirlpool Corporationv)

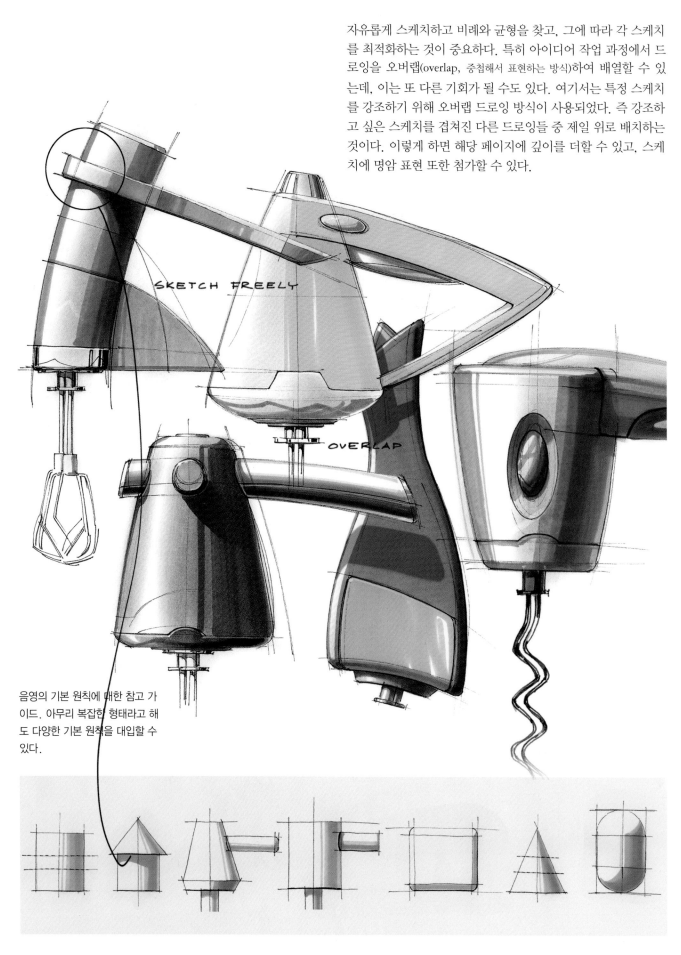

자유롭게 스케치하고 비례와 균형을 찾고, 그에 따라 각 스케치를 최적화하는 것이 중요하다. 특히 아이디어 작업 과정에서 드로잉을 오버랩(overlap, 중첩해서 표현하는 방식)하여 배열할 수 있는데, 이는 또 다른 기회가 될 수도 있다. 여기서는 특정 스케치를 강조하기 위해 오버랩 드로잉 방식이 사용되었다. 즉 강조하고 싶은 스케치를 겹쳐진 다른 드로잉들 중 제일 위로 배치하는 것이다. 이렇게 하면 해당 페이지에 깊이를 더할 수 있고, 스케치에 명암 표현 또한 첨가할 수 있다.

SKETCH FREELY

OVERLAP

음영의 기본 원칙에 대한 참고 가이드. 아무리 복잡한 형태라고 해도 다양한 기본 원칙을 대입할 수 있다.

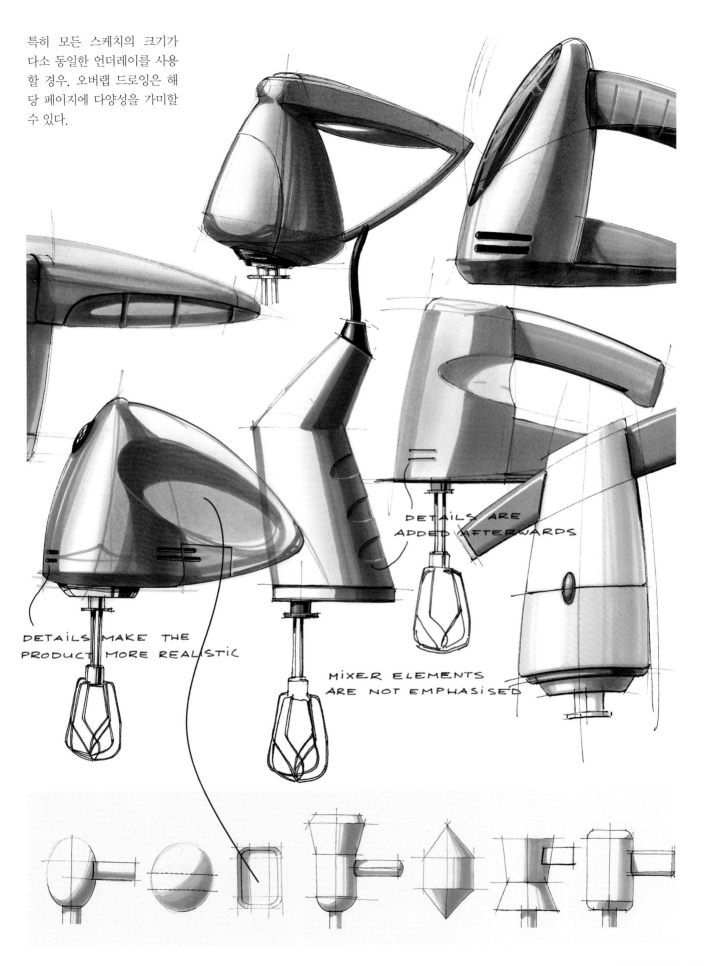

특히 모든 스케치의 크기가
다소 동일한 언더레이를 사용
할 경우, 오버랩 드로잉은 해
당 페이지에 다양성을 가미할
수 있다.

DETAILS ARE
ADDED AFTERWARDS

DETAILS MAKE THE
PRODUCT MORE REALISTIC

MIXER ELEMENTS
ARE NOT EMPHASISED

측면 드로잉은 슈즈 디자인에 특히 많이 활용된다. 소비자들의 눈길을 사로잡기 위해 매장에 신발을 보통 측면으로 디스플레이하기 때문이다. 위에 보이는 드로잉은 초반 디자인 작업. 즉 콘셉트 스케치 과정부터 최종 렌더링까지 모두 보여 준다. 드로잉은 디자인 설루션을 모색하기 위해서 또는 제품을 보다 사실적으로 보여 주기 위해서만 사용되는것은 아니다. 드로잉이 주는 느낌 또한 중요하다. 회사

내에서 해당 프로젝트에 더욱 흥미를 북돋아 줄 수 있는 역할을 드로잉이 할 수 있기 때문이다. 또한 드로잉을 운동선수나 소비자들에게 보여 주고 피드백을 받기도 한다.

아디다스(Adidas AG, 독일) – 소니 임(Sonny Lim)

아디다스의 슈즈 디자이너는 대부분 숙련된 산업 디자이너다. 하지만 자동차·운송 디자이너, 미디어 디자이너도 상당수 포함되어 있다. 또한 디자이너마다 드로잉 스타일이

다르고 여러 기술을 다양하게 사용한다. 이를 통해 제품을 시각화하고 스케치하는 데 필요한 기술을 활발하게 상호 교환할 수 있는 환경이 조성된다. 위 예시에서 보이는 파란

색과 빨간색의 축구화는 파란 색연필과 마커, 파인라이너, 팬톤(Pantone) 마커 에어브러시를 이용해 수작업 한 것이다. 드로잉을 스캔한 다음 포토샵(Photoshop)으로 하이라이팅 작업을 추가했고, 포토샵과 페인터(Painter)를 이용해 컴퓨터 렌더링 작업까지

마쳤다. 여기서도 수작업 한 스케치는 하부 레이어로써 정확한 윤곽선을 알기 쉽도록 하는 데 활용되었다. 로고나 스티치 같은 다른 디테일은 어도비 일러스트레이터로 추가한 다음 포토샵으로 다시 마무리했다.

빛과 그림자

사진과 같이 대상을 3D처럼 사실감 있게 전달하려면 제품에 대한 정보 전달이 가장 잘 될 수 있는 각도를 선택하고, 적합한 빛의 방향을 설정하는 것이 중요하다. 또한 빛과 그림자 표현으로 입체감을 형성할 수 있다. 원기둥 모양은 둥글게, 납작한 면은 평평하게 표현해야 한다. 제품 자체 및 제품에 비치는 빛의 상태를 제대로 분석하면 형태와 음영의 관계를 이해할 수 있다. 또한 2차원 스케치에 깊이를 형성하는 데 필요한 입체적 표현이나 여러 조합에 대한 기본 정보를 파악할 수 있다.

시계가 달린 라디오, 전자레인지, 세탁기와 같은 일부 제품은 해당 제품의 특징이나 정보를 가장 잘 보여 주는 단면을 쉽게 찾을 수 있다. 이런 경우가 아니라면, 어떤 방향에서 봤을 때 제품의 특징이 가장 잘 드러나는지를 찾아야 한다.

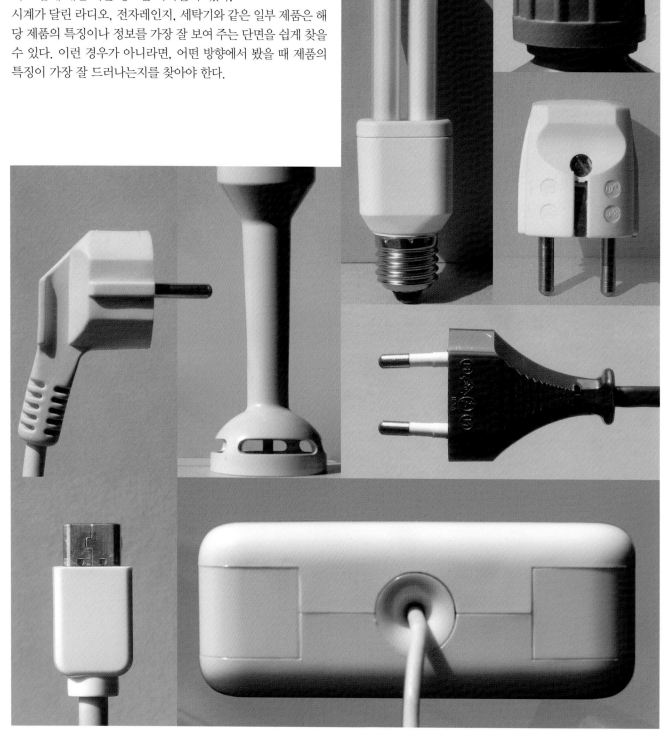

빛의 각도를 설정할 때 보는 이로부터 약간 떨어진 방향에서 나와 물체를 향해가도록 빛의 각도를 45° 보다 더 크게 설정하면, 음영 처리된 (그리고 하이라이트 처리된) 두 부분을 더 명확하게 구분할 수 있을 뿐만 아니라 보다 뚜렷한 그림자를 만들 수 있다.

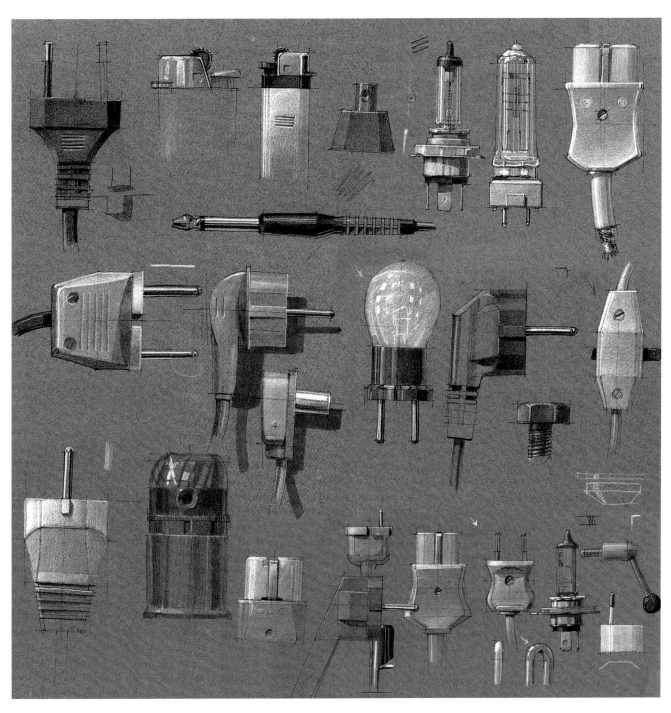

단색 스케치에는 백지보다 색지를 사용하는 것이 더 효과적일 수 있다. 종이 자체의 색을 중간 톤으로 활용하면서 하얀색 색연필을 이용해 밝은 톤과 하이라이트를 표현하고, 검은

색 색연필로 어두운 부분을 표현해 보자. 자연광에서 드로잉하는 것, 다시 말해 실제의 대상을 종이에 옮기는 작업을 통해 음영 효과를 연습할 수 있다.

자연광에서 그림을 그리면 각 상황에 따른 다양한 음영 표현법을 익힐 수 있고, 꾸준히 연습하다 보면 굳이 생각을 하지 않아도 자연스럽게 음영을 표현하고 있는 자신을 발견할 수 있을 것이다.

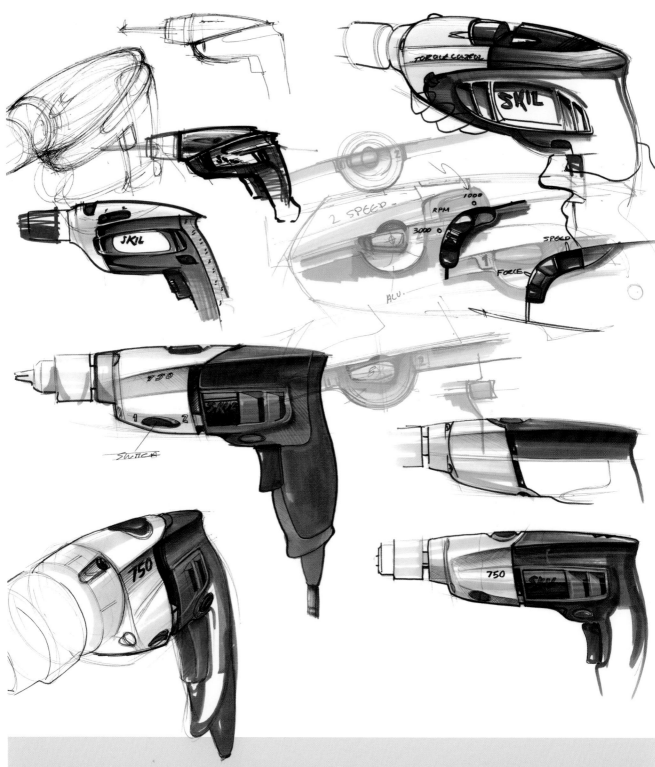

여러 디자이너들이 이번 프로젝트에 참여했다. 그렇기 때문에 시각적 요소와 손으로 직접 쓴 내용이 서로 잘 들어맞아야 한다. 이 프로젝트를 위해서는 드로잉뿐만 아니라 실측 사이즈의 모델도 제작해서 인체공학적인 디자인을 진행하는 데 도움이 되도록 했다. 이후 보다 정교한 드로잉을 위해 실측 모델을 다시 사용했다. 예시의 드로잉은 대부분 측면 부분을 나타내고 있지만, 잘 보이지 않는 연결 부위나 기기의 다양한 형태 변화를 알아보려면 3차원적 접근 방식 또한 필요하다.

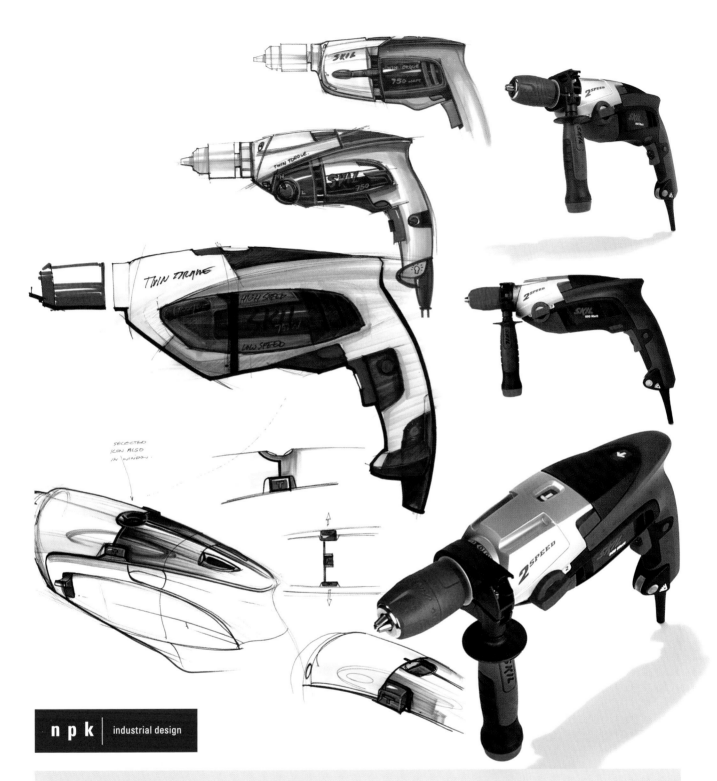

n p k | industrial design

npk 산업디자인(npk industrial design)

이 전동 드릴(Two Speed Impact Drill for Skill, 2006)은 인체공학적 디자인과 스타일에 집중한 새로운 제품 라인의 출발점이다. 제품의 형태 전략 측면에서 전문 드릴 기업의 정체성에 따라 파워풀한 라인과 부드러운 그립이 적용되었다. npk 디자인 스튜디오는 하우징(housing, 기계 부품 보호를 위한 단단한 커버), 실물 모형, 제품 그래픽을 개발했다.

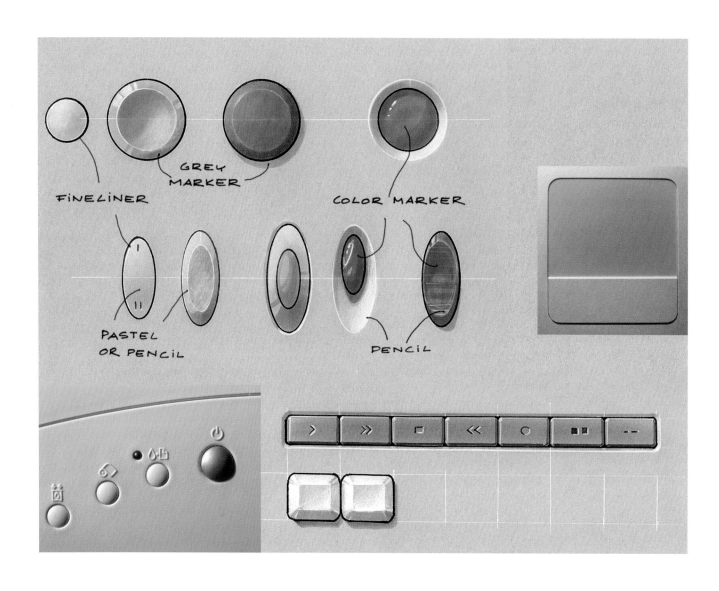

FINELINER

GREY MARKER

COLOR MARKER

PASTEL OR PENCIL

PENCIL

디테일

스케치에 약간의 디테일을 더하면 훨씬 사실적인 결과물을 완성할 수 있다. 디테일은 또한 제품의 전반적인 크기를 가늠할 수 있게 해준다. 제품의 디테일 사진을 공부해 보면 음영의 기본 원칙을 발견할 수 있다.

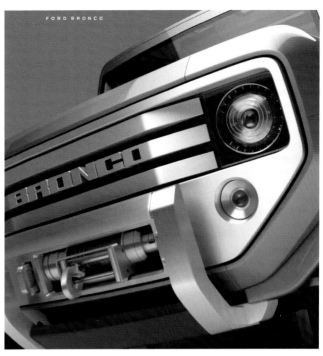

포드 자동차(Ford Motor Company, 미국) - 로렌스 반덴애커(Laurens van den Acker)

측면 드로잉을 통해 SUV 차량의 첫인상과 기본적인 레이아웃을 확인해 볼 수 있다. 차량의 외관은 세련된 단순함과 파워를 전달할 수 있어야 한다. 디테일을 추가할 때도 이 부분을 강조해야 한다. 자동차처럼 복잡한 형태를 가지고 있는 제품의 경우, 초기 스케치를 측면 드로잉으로 제작하면 디자인 과정의 속도를 높일 수 있을 뿐만 아니라 디자인을 보다 명료하게 시각화할 수 있다.

2004년 선보인 포드 브롱코(The Ford Bronco SUV) 콘셉트 카는 인기 모델이었던 1965년 1세대 브롱코(폴 애셀레드(Paul Axelrad) 엔지니어 디자인)의 콘셉트를 이어받았다. 단순함과 경제성을 내세웠고 평면 글라스와 심플한 범퍼, 박스스타일의 각진 프레임을 선보이면서 오프로드 차량으로 인기를 끌었던 모델

이다. 2004년 브롱코 콘셉트에서 포드는 초대 모델의 진정성 있는 정신을 재탐색하면서도 첨단 파워트레인 기술(powertrain technologies)을 추가했다.

수석 디자이너 : 조 베이커(Joe Baker) 사진 : 포드 자동차

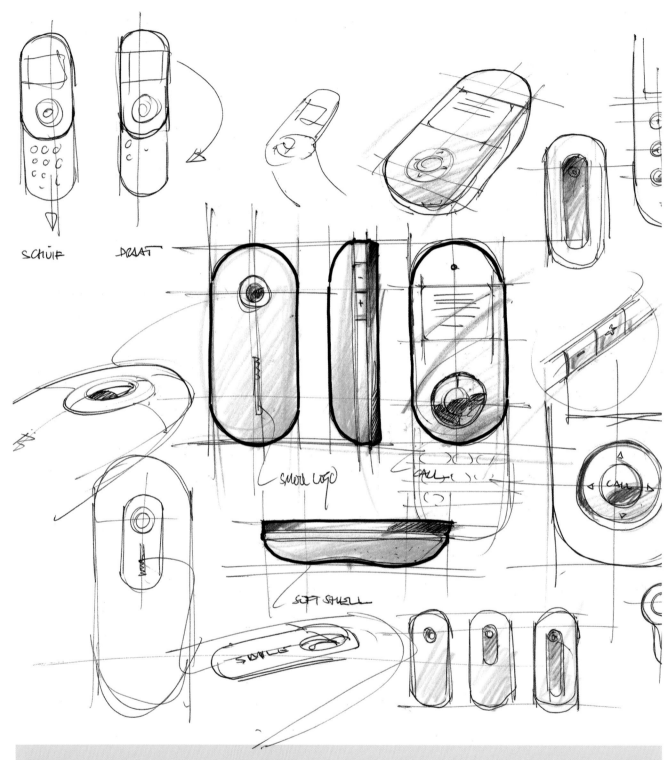

SCHUIF DRAAT SMOOL LOGO CALL SOFT SHELL SMOOL CALL

SMOOL 디자인 스튜디오(SMOOL Design Studio)

로버트 브론바서(Robert Bronwasser) 디자이너에게 수작업 스케치는 디자인의 기반이다. 스케치 작업은 창의력을 자극하고, 다양한 디자인 가능성을 신속하게 탐색하며, 비율을 연구하고 디테일을 시험해 볼 수 있는 방법을 제공한다. 스케치를 다양한 크기, 각도, 투시도, 색감으로 작업하면 디

자인 기회가 보다 분명해진다. 측면으로 스케치 및 디자인 하려면 상상력에 더해 3D로 시각화하는 방법도 알고 있어야 한다.

smool

한동안 SMOOL 디자인 스튜디오
는 네덜란드의 주요 디자인 잡지
〈Items〉에 기존 제품을 재디자인
하는 광고를 냈다. 여기에서 보이
는 익숙한 디자인들을 가지고 로버
트 브론바서는 자신만의 디자인 스
타일을 적용함으로써 현대 디자인

에 대한 그의 비전을 보여 주었다.
최종 측면 드로잉은 어도비 일러
스트레이터(Adobe Illustrator)
로 제작했다. (〈Items〉, 2006
년 2월호)

그림자

그림자가 필요한 이유는 사물의 깊이를 표현하기 위해서 뿐만 아니라 여러 가지가 있다. 여기에서는 커피 머신의 투명한 부분을 나타내기 위해 그림자가 사용되었다. 이 그림자는 단순한 구조다. 제품의 윤곽선이 그림자의 윤곽이 되도록 드로잉하고, 제품 뒤로 가상의 면에 그림자를 표현해 보자. 투시도법에 맞는 정확한 그림자를 구성하는 것보다 이 방법이 훨씬 쉽다.

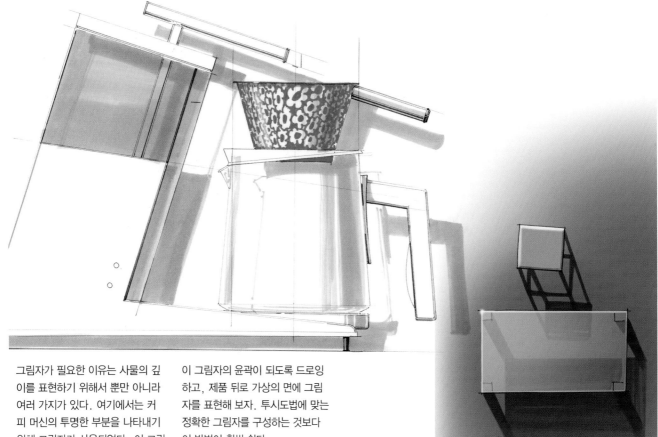

그림자가 필요한 이유는 사물의 깊이를 표현하기 위해서 뿐만 아니라 여러 가지가 있다. 여기에서는 커피 머신의 투명한 부분을 나타내기 위해 그림자가 사용되었다. 이 그림자는 단순한 구조다. 제품의 윤곽선이 그림자의 윤곽이 되도록 드로잉하고, 제품 뒤로 가상의 면에 그림자를 표현해 보자. 투시도법에 맞는 정확한 그림자를 구성하는 것보다 이 방법이 훨씬 쉽다.

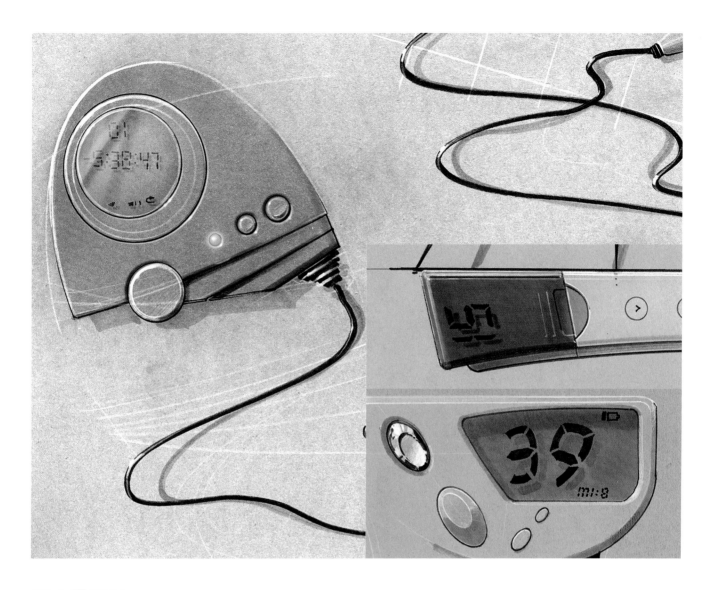

디스플레이

디스플레이는 제품에서 흔히 볼 수 있는 디테일한 요소다. 디스플레이 화면을 표현하려면 디스플레이 부분에 숫자나 글자를 그리고 그림자를 넣어 깊이를 살려 주면 된다. 반사 표현은 추후 하얀색 분필로 추가할 수 있다. 대부분의 경우, 디스플레이에 빛이 반사되는 정확한 지점을 찾아서 표현하는 것보다는 디스플레이에 나타나는 투명도의 차이를 잡는 것이 더 중요하다.

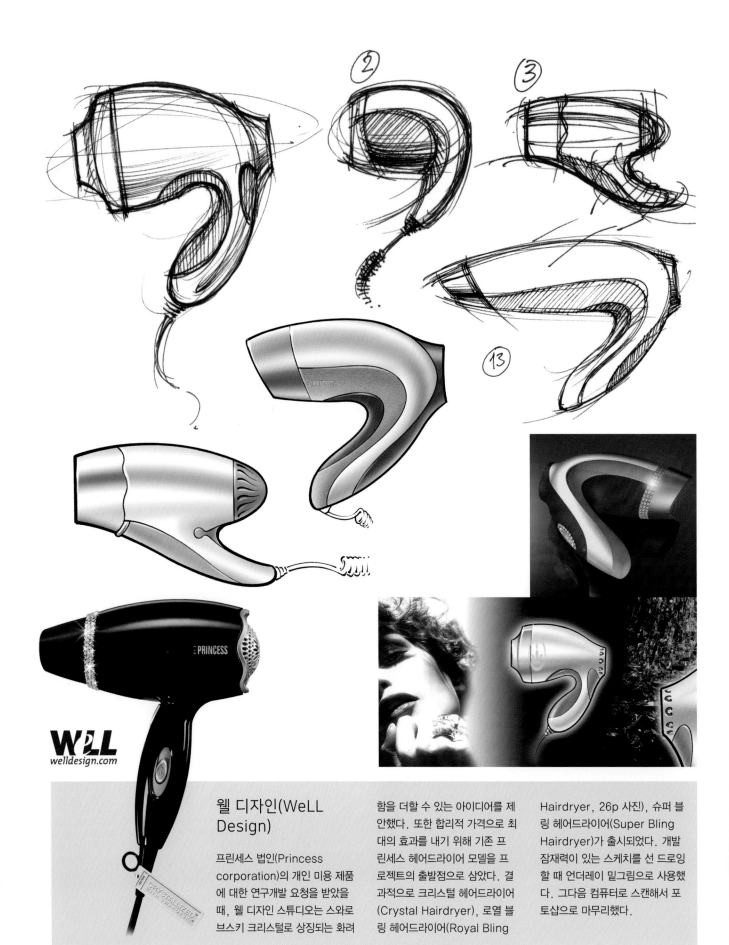

WeLL
welldesign.com

웰 디자인(WeLL Design)

프린세스 법인(Princess corporation)의 개인 미용 제품에 대한 연구개발 요청을 받았을 때, 웰 디자인 스튜디오는 스와로브스키 크리스털로 상징되는 화려함을 더할 수 있는 아이디어를 제안했다. 또한 합리적 가격으로 최대의 효과를 내기 위해 기존 프린세스 헤어드라이어 모델을 프로젝트의 출발점으로 삼았다. 결과적으로 크리스털 헤어드라이어(Crystal Hairdryer), 로열 블링 헤어드라이어(Royal Bling Hairdryer, 26p 사진), 슈퍼 블링 헤어드라이어(Super Bling Hairdryer)가 출시되었다. 개발 잠재력이 있는 스케치를 선 드로잉할 때 언더레이 밑그림으로 사용했다. 그다음 컴퓨터로 스캔해서 포토샵으로 마무리했다.

디자이너 : 지아니 오르시니(Gianni Orsini)와 매티스 헬러(Mathis Heller)
제품 사진 : 프린세스(Princess)

투시도법 드로잉

2장

투시도법에 맞게 드로잉하려면 당연히 투시도법의 기본 규칙을 알고 있어야 한다. 하지만 같은 대상이라도 여러 가지 방법으로 표현할 수 있다. 특히 스케치는 제품의 형태에 대한 정보를 분명하게 전달할 수도 있고, 제품의 크기가 작거나 혹은 크거나 또는 인상적이라는 점을 강조하기 위해 사용될 수도 있다. 스케치를 통해 전달되는 시각 정보는 각도의 선택, 척도, 투시도법 사용에 큰 영향을 받는다. 이러한 효과들을 활용하면 다양한 방법으로 드로잉에 현실감을 불어넣을 수 있다.

비례

비례는 매우 중요한 요소다. 비례를 나타낼 때는 인체의 크기가 기준이 되고, 모든 것은 인체 크기 그리고 사람의 지각과 연관된다. 예를 들어, 어떤 물체의 높이가 지평선 이상이라면, 즉 보통 사람의 눈높이보다 높이 있다면 (일어서서 바라보았을 경우) 사람의 키보다 더 크게 그려야 한다. 사이즈나 물체의 비례를 가늠할 수 있게 하는 또 다른 방법은 주변에서 흔히 볼 수 있는 물체와 비교하는 것이다. 즉 '척도(scale elements)'를 이용해 물체를 상대적으로 작거나 혹은 커 보이도록 할 수 있다. 고양이, 사람, 손, 성냥 등의 크기는 쉽게 알 수 있기 때문에 이러한 척도 옆에 제품을 배치해서 해당 제품의 크기를 짐작할 수 있게끔 하는 것이다. 예를 들어 오른쪽 페이지의 빨래집게를 통해 구급상자의 크기가 작다는 것을 알 수 있다.

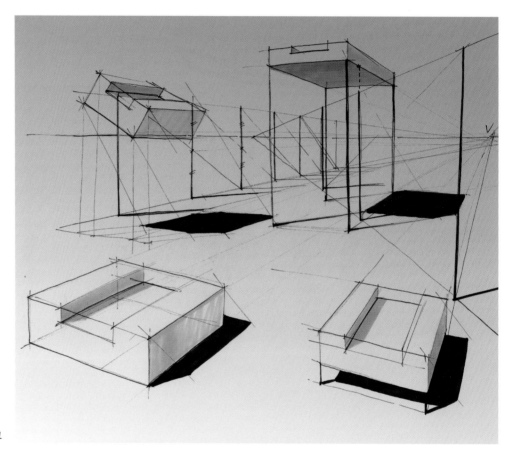

크기는 항상 우리가 알고 있는 것 그리고 우리가 비교를 통해 인식하는 것과 관련이 있다.

놀라운 시각적 효과를 보여 주는 3점 투시가 위 건물 사진에서 사용되었다. 그림에서는 건물이 마치 뒤로 쓰러질 것처럼 보인다. 우리의 정신이 우리의 지각을 바로잡기 때문에 (수직 형태는 수직으로 인식되어야 하는 것처럼) 이러한 효과를 현실에서 보는 것은 더욱 어렵다. 이 효과를 고려하여, 수직선은 일반적으로 드로잉에서도 수직으로 유지된다. 하지만 3점 투시나 완만한 곡선을 이용하면 드로잉에 보다 극적인 표현을 더할 수 있다.

집합 투시

물체의 외관상 크기는 투시의 근사점(물체를 보는 시점을 가까이하거나 멀리해서 생기는 물체의 왜곡 현상)의 정도에 따라 영향을 받는다. 오른쪽 위의 구급상자 사진에서는 투시의 근사점이 너무 강하게 적용되어 물체의 크기가 실제 사이즈보다 더 크게 왜곡되어 보인다. 아래의 구급상자 그림처럼 투시의 근사점을 약하게 하면 물체가 더 자연스러워 보인다.

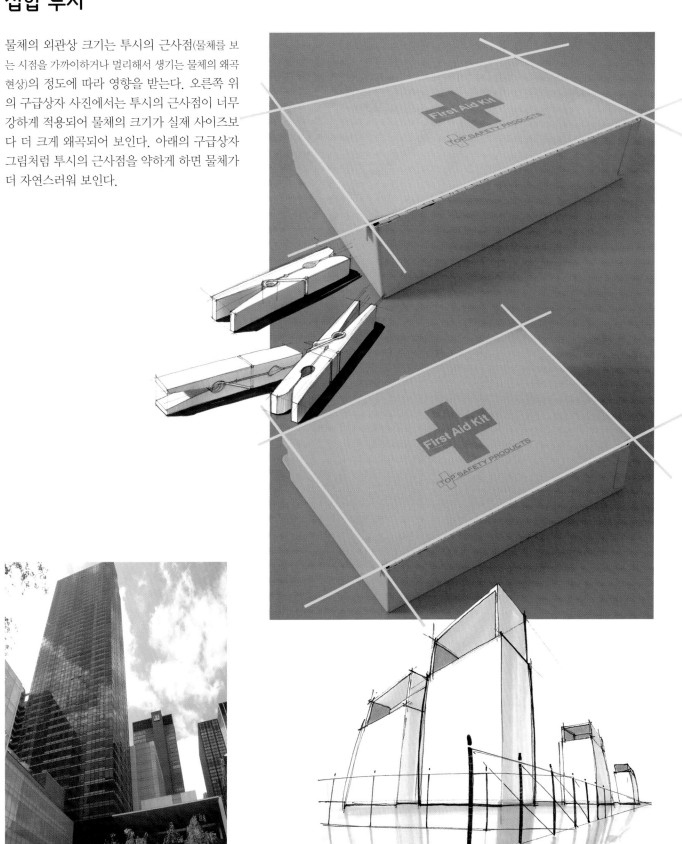

왜곡

근사점의 정도는 관찰자와 물체 사이의 상대적 거리에 영향을 받는다. 물체에 더 가까울수록 더 강한 투시의 근사점이 생긴다. 이 때문에 관찰자의 시점과 투시의 근사점 사이의 균형을 찾는 것이 중요하다.

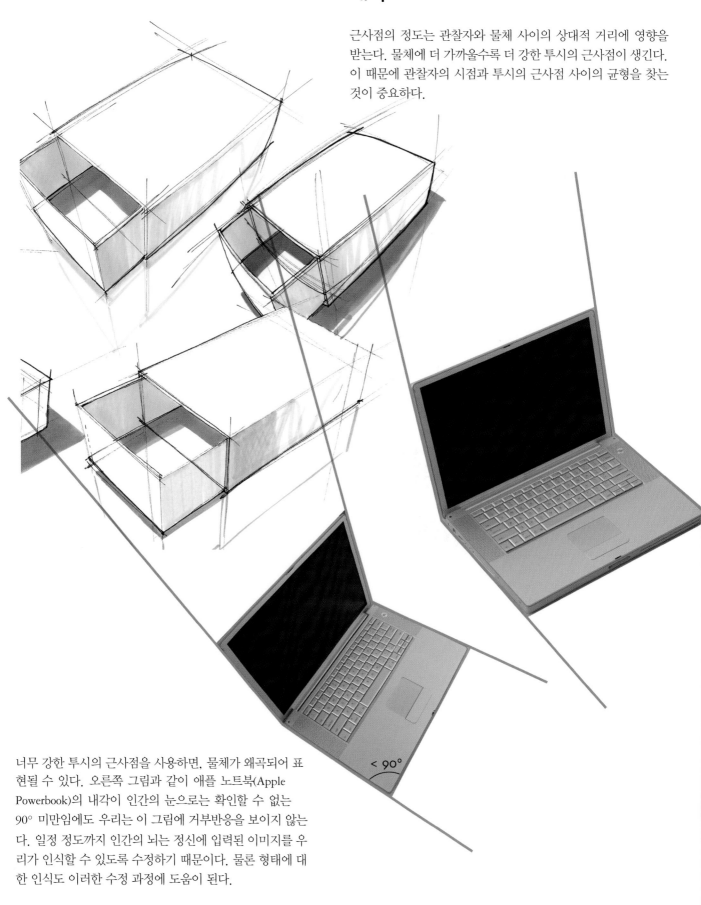

너무 강한 투시의 근사점을 사용하면, 물체가 왜곡되어 표현될 수 있다. 오른쪽 그림과 같이 애플 노트북(Apple Powerbook)의 내각이 인간의 눈으로는 확인할 수 없는 90° 미만임에도 우리는 이 그림에 거부반응을 보이지 않는다. 일정 정도까지 인간의 뇌는 정신에 입력된 이미지를 우리가 인식할 수 있도록 수정하기 때문이다. 물론 형태에 대한 인식도 이러한 수정 과정에 도움이 된다.

< 90°

장축(major axis)과 단축
(minor axis)은 형태와 방향을
위한 보조 장치다. 수평면상에서
긴 축선은 수평으로 그린다.

MAJOR AXIS

MINOR AXIS

위 사진에서 타원이 왜곡돼 보이는 것도 너무 강한 투시의 근사
점 때문이다. 심지어 그릇이 놓여 있는 수평면이 굴곡진 것처럼
보인다. 초록색과 핑크색 그릇의 극명한 크기 차이에서도 왜곡
을 발견할 수 있다. 투시도법에서 원형은 수학적 형태인 타원으
로 표현된다.

단축

관찰자의 시선과 표면이 수직선상에 있다면, 그 표면의 상대적 크기는 그대로 유지되어 보인다. 하지만 표면이 관찰자의 시선과 경사지거나 각을 이루고 있다면, 단축 효과가 나타난다.

빨간 선 사이의 간격에 집중해 보자. a의 표면의 각이 b보다 가파르기 때문에 a의 크기가 b보다 작다는 것을 알 수 있다. 결과적으로 그림을 보는 관찰자 기준으로 a보다 b가 더 멀리 떨어져 있음에도 불구하고 b의 크기가 더 크게 보인다.

세부사항, 화장실 타일(Functional Bathroom Tiles) – Arnout Visser, Erik Jan Kwakkel and Peter vd Jagt

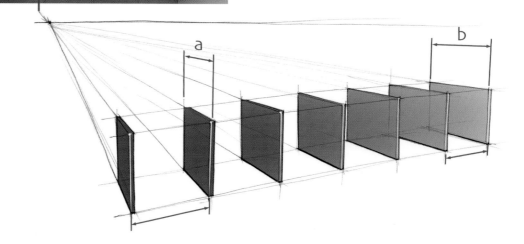

부엌 타일(Functional Kitchen Tiles) – Arnout
Visser, Erik Jan Kwakkel and Peter vd Jagt

각 방향에 따라 타일 면적의 크기가 다르게 보이지만, 우리는 같
은 크기로 인식한다. 다양한 각도와 시점을 살펴보았을 때, 높은
시점에서 보면 표면 단축이 상대적으로 약하게 나타난다는 것을
알 수 있다. 투시도법에 따라 원형은 더 둥글게 보인다.

관찰자로부터의 거리 때문에 접시가 납작
해 보인다.

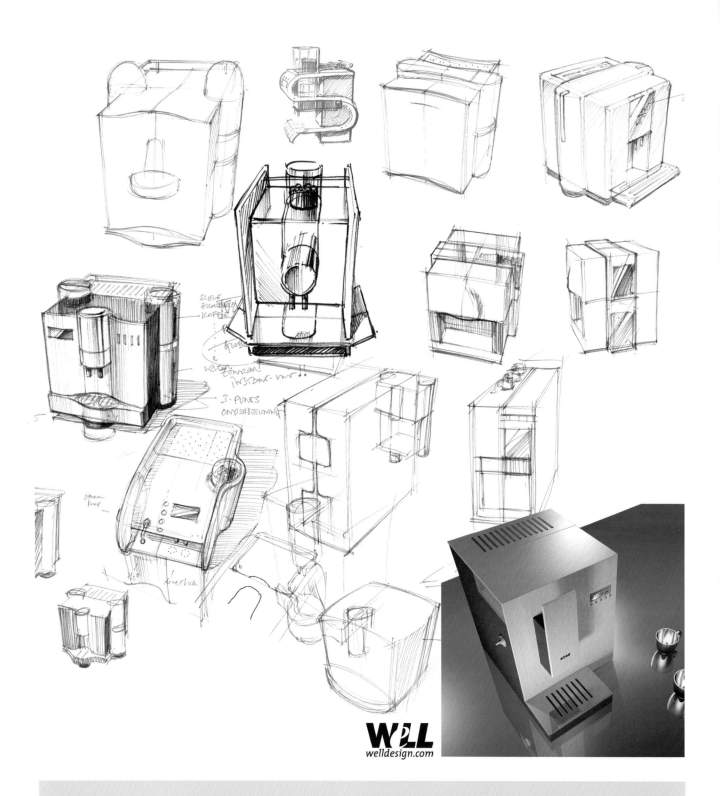

WeLL
welldesign.com

웰 디자인
(WeLL Design)

ETNA 벤딩 테크놀로지(Etna Vending Technologies)의 의뢰를 받아 디자이너 지아니 오르시니(Gianni Orsini)와 매티스 헬러(Mathis Heller)는 완전 자동 에스프레소 머신 시리즈를 개발했다. 우선 철저하고 전략적인 시장 분석 절차를 거친 후, 콘셉트 디자인을 가지고 네덜란드의 다른 주요 디자인 스튜디오와 경쟁을 벌였다. 디자인 목표는 두 가지였다. 첫째는 같은 가격대에 포진되어 있는 수십 대의 다른 기기보다 고급스러운 디자인을 만들 것, 둘째는 자사 브랜드뿐만 아니라 명시되지 않은 다른 두 글로벌 브랜드와도 어울릴 수 있는 디자인을 완성하는 것이었다. 결국 서로 다른 세 브랜드의 부품 구조에 모두 호환되는 하우징(커버, 19p 참조) 디자인을 개발해야 했다.

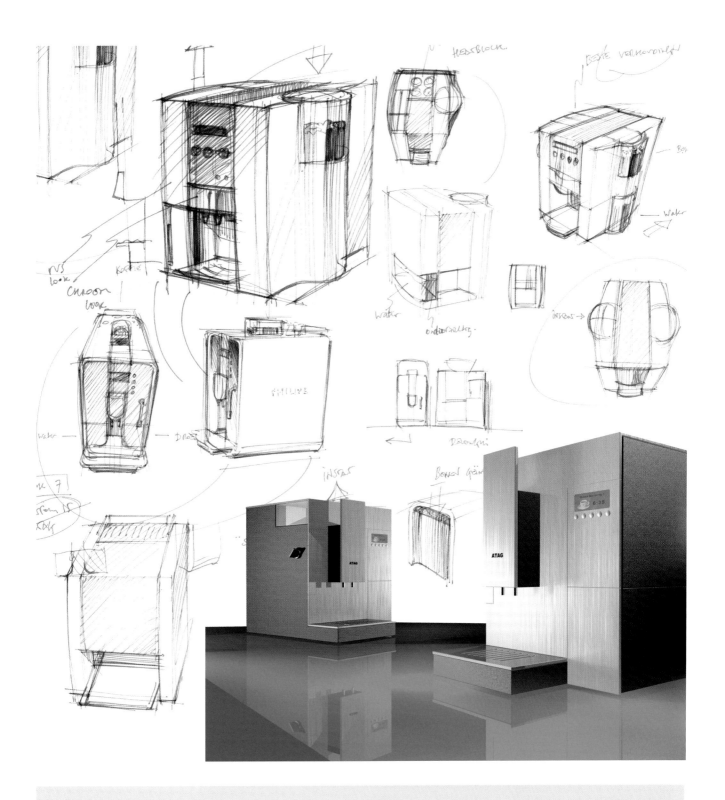

제품 아이디어를 탐색하고 시각화하기 위해 수많은 스케치 작업을 했다. 스케치는 원활한 아이디어 흐름에 도움을 주고, 추후 논의 시에도 활용되며 다른 드로잉으로 발전시킬 수 있는 촉진제 역할을 한다. 또한 스케치에서 잠재력 있는 아이디어를 강조하면서 디자인 과정을 정확하게 보여줄 수 있다.

시점/각도

물체에 대한 정보를 제대로 전달하면서 물체를 완벽하게 보여줄 수 있는 최선의 각도를 찾기란 쉽지 않다. 사람마다 각각 다른 높이나 방향에서 대상을 본다. 드로잉 각도에 따라 제품의 특정 부분이나 디테일이 가려질 수도 아니면 더 잘 드러날 수도 있다.

대부분의 물체에는 그 물체에 관한 가장 유용한 정보를 담고 있는 측면 부분이 있다. 일반적으로 이 측면 부분의 단축을 최소화하면 보다 특색 있고 정보력 있는 드로잉을 제작할 수 있다.

물체가 많이 단축될수록 정보를 전달할 수 있는 면적이 작아진다.

충분한 정보를 전달하려면 보통 하나 이상의 드로잉을 디자인 제안서에 포함시키는 것이 좋다.

물체에 대한 정보를 제대로 전달하면서 물체를

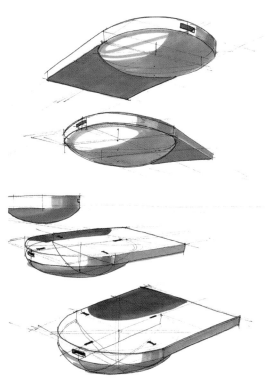

위 이미지에서 각 리모컨에 대한 시각 정보의 차이를 살펴보자. 둘 중 아래의 리모컨 이미지가 전반적으로 굴곡진 형태나 세부 사항들이 보다 효과적으로 강조되어 있다. 높은 시점에서 보면 효과적으로 정보를 파악할 수 있기 때문에, 상대적으로 높은 시점이 전체적인 형태를 살펴보는 데 더 적합하다. 사용자가 주로 보게 될 시점을 선택하는 것도 제품에 관심을 갖고 공감할 수 있게 하는 방법이다.

BMW(BMW Group, 독일) - 아드리안 반 호이동크(Adriaan van Hooydonk)

BMW Z9 콘셉트 카 스케치는 상당히 흥미로운 각도로 제작했다. 이러한 각도 선택은 차량의 이미지 또는 느낌에 영향을 주고, 에너지를 더할 수 있다. 또한 휠 아치가 차체에 미치는 영향을 가장 잘 보여 준다. 사실 드로잉의 모든 부분은 이러한 느낌을 효과적으로 전달하는 것을 목표로 하고 있고,

이를 위해 강력한 선과 반짝이는 표면 유광 효과를 사용했다. 스포츠 쿠페(sport coupé)인 BMW Z9 쇼 카(show car)의 날렵한 외관은 미래의 자동차 디자인의 면모를 보여 준다.

VAN HOOYDONK / 2000

VAN HOOYDONK / 03

경량 구조에 더해 실내 디자인도 오디오 커뮤니케이션과 편안한 드라이빙에 대한 BMW의 흥미롭고 새로운 철학을 보여 준다.

아드리안 반 호이동크는 두 스케치(BMW 6시리즈 스케치와 로드스터(Roadster) 시안)를 각각 다른 각도로 제작했다.

두 스케치 모두 연필 작업으로 시작해 마커 칠을 더했다. 아래의 드로잉 같은 경우 모조지(Vellum, 피지같이 만든 크림색 종이) 양쪽에 파스텔을 칠했다.

DAF 트럭
(DAF Trucks NV)

DAF 트럭은 운송 산업을 선도하는 파카(PACCAR) 그룹의 계열 사다. DAF 디자인 센터는 네덜란드의 에인트호번(Eindhoven)에 위치하고 있고, DAF의 모든 트럭 디자인을 담당하고 있다. DAF는 2006년 플래그십 모델 XF105를 출시했고, 이 모델이 2007년 '국제 올해의 트럭상 (International Truck of the year 2007)'을 수상했다. 실제 XF105 트럭과 드로잉을 비교해 보면 느낌이나 특징적인 부분에서 놀라울 정도의 일관성을 보여

준다. 각 드로잉의 목적과 특징에 맞게 각도나 투시도법을 신중하게 선택했다. 극도로 낮은 각도에서 대상을 올려다보는 시점으로 드로잉하면 XF105와 같이 엄청난 길이를 자랑하는 트럭에 보다 극적인 느낌을 더할 수 있다. 또한 대상을 기울어지게 드로잉하면 역동적인 느낌을 살려 줄 수 있

다. 특히 익스트림 투(Extreme perspective, 기존의 투시도법을 과장시켜 극적인 효과를 내는 투시법)는 앞서 말한 효과들을 연출할 수 있고 트럭 지붕 위의 조명 등 같은 특정 디테일을 강조할 수도 있다.

디자이너 : 바트 반 로트링겐(Bart van Lotringen), 릭 데 루베르(Rik de Reuver)

익스트림 투시

익스트림 투시법은 색다른 시점 및 각도를 사용하면서 기존 투시법을 과장시켜 표현하는 방식이다. 지표면이 지평선이 될 정도의 극도로 낮은 각도(frog-eye perspective)에서 드로잉하면 대상을 보다 인상 깊게 표현할 수 있다. 수직선들의 3점 투시는 과도한 투시의 왜곡과 함께 나타난다.

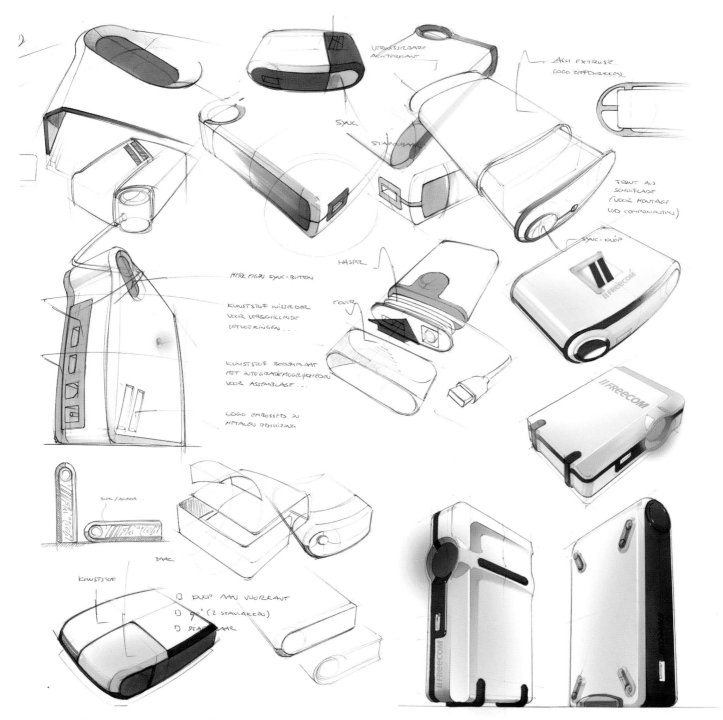

FLEX/the INNOVATIONLAB®

FLEX/혁신랩(FLEX/the INNOVATION
LAB)

2004년 프리컴(Freecom)의 휴대용 하드디스크 디자인 드로잉
이다. 하드디스크 제품은 뚜렷한 정체성을 가지고 있고, 프리
컴 전체 제품군의 대표 디자인 역할을 한다. 극단적으로 과장
된 시점 사용, 반사되는 재질 강조, 조명 효과를 활용해 디자
인 콘셉트에 대한 분명한 아이디어를 구상했다.

첫 번째 예시에서 프리컴의 새로운 디자인 가능성을 모색하기
위해 스케치를 사용했다. 다음 단계에서는 세 가지의 서로 다
른 콘셉트를 정의하고 제품의 외관과 느낌에 대해 논의했다.

사진 : Marcel Loermans

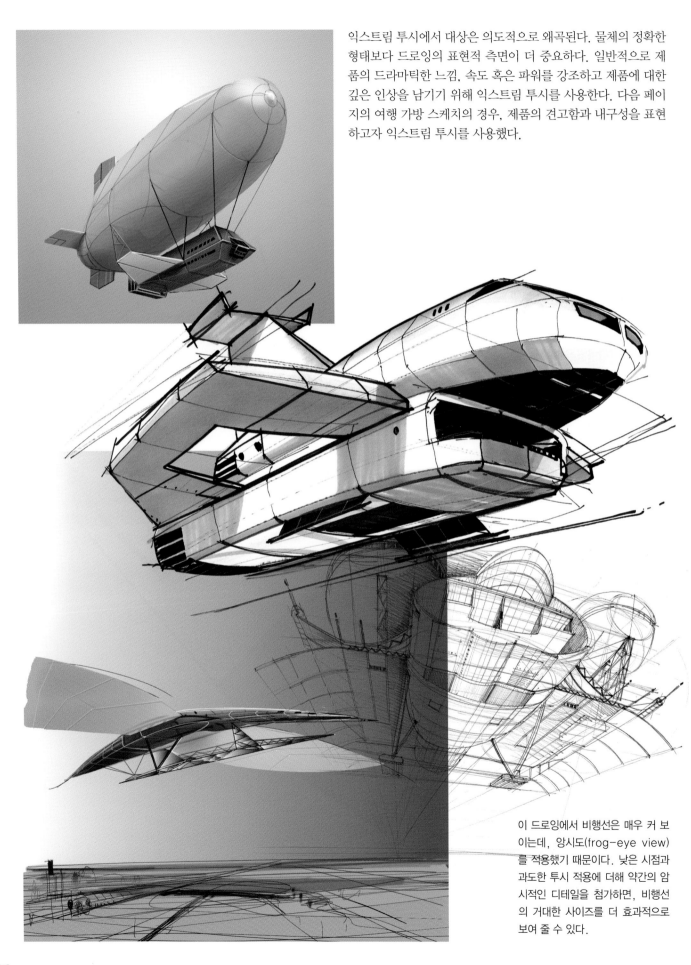

익스트림 투시에서 대상은 의도적으로 왜곡된다. 물체의 정확한 형태보다 드로잉의 표현적 측면이 더 중요하다. 일반적으로 제품의 드라마틱한 느낌, 속도 혹은 파워를 강조하고 제품에 대한 깊은 인상을 남기기 위해 익스트림 투시를 사용한다. 다음 페이지의 여행 가방 스케치의 경우, 제품의 견고함과 내구성을 표현하고자 익스트림 투시를 사용했다.

이 드로잉에서 비행선은 매우 커 보이는데, 앙시도(frog-eye view)를 적용했기 때문이다. 낮은 시점과 과도한 투시 적용에 더해 약간의 암시적인 디테일을 첨가하면, 비행선의 거대한 사이즈를 더 효과적으로 보여 줄 수 있다.

46

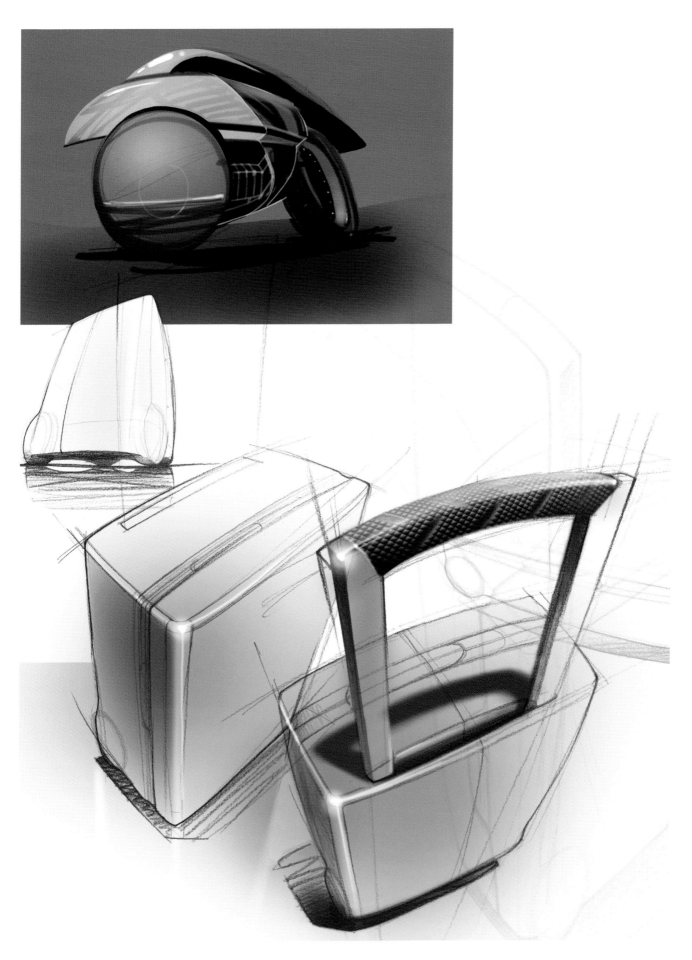

HANDBRAKE

BART.

TELEPHONE

ALUMINIUM
RINGS
COOL!

DAF

CRUISE
CONTROL

SHIFT

DIFFICULT
TO OPERATE
TOO LOW

WHEEL

EVERYTHING
WITHIN EASY
REACH

4-SPOKE

DAF

A PACCAR COMPANY

TRUCK
OF THE YEAR

DAF
XF105

2007

DAF 트럭(DAF Trucks NV)

2006년 버전 DAF XF105 / CF / LF 트럭의 내부 모습이다.
이처럼 실내를 드로잉할 때는 적절한 시점을 사용하는 것이
중요하다. 실내 인테리어의 전반적인 모습을 보여 주면서 실
제 트럭 안에 있는 것과 같은 느낌을 전달하기 위해 과장된
투시법이 사용되기도 한다.

디자이너 : 바트 반 로트링겐(Bart van Lotringen), 릭 데 루베르(Rik de Reuver),
제라드 바텐(Gerard Baten)

드로잉 시점은 운전자의 위치 또는 운전자와 가까운 위치로 선택한다. 여기서는 운전석 자체의 레이아웃을 검토하기 위해 계기판이나 핸들 위치를 살펴보는 실험적인 스케치가 필요했다. 추가 디테일은 따로 드로잉했고 계기판의 정밀한 표현을 강조했다. 투명한 원 드로잉으로 운전자의 가용 공간 범위를 시각화했다. 추후에 찍은 사진은 디자인 과정을 분석함으로써 이를 통해 발전하고 새로운 도전과제를 모색하는 데 사용된다.

WARM & FULL COLOR

DESATURATED COLOR

대기 원근법

깊이감을 표현하려면 색채의 명도가 중요하다. 가까이에 있는 물체는 색 대비가 크고 채도도 높게 보인다. 거리가 멀어질수록 물체의 색채나 음영의 대비는 작게 채도도 흐리게 보일 것이다. 결국 물체는 전체적으로 푸르스름하게 보인다. 결과적으로 깊고 따뜻한 계열의 색이 차가운 계열의 색보다 가까이에 있는 것으로 인식된다. 또한 색 대비가 큰 색의 물체가 대비가 작은 색보다 더 가까이에 있는 것처럼 보인다.

REFLECTION

대형 제품을 드로잉할 때는 대기 원근법으로 알려진 방식으로 제품의 크기를 강조할 수 있다. 하지만 소형 물체를 그릴 때도 깊이감을 추가할 수 있다. 뒤쪽으로 갈수록 물체를 흐릿하게 나타냄으로써 몇 가지 효과의 조합을 만들 수 있는데, 이는 대기 원근법뿐만 아니라 사진에서 사용되는 아웃포커스 효과와 유사하다. 동시에 광이 나는 표면의 빛 반사 때문에 뒤쪽으로 갈수록 물체는 하얗게 희미해진다.

LESS CONTRAST   MORE CONTRAST

게릴라 게임스(Guerrilla Games)

빠르게 성장하고 있는 이 신생 스튜디오는 유럽 시장을 선도하는 게임 개발 회사로 명성을 쌓아가고 있다. 또한 비디오 게임 '킬존(Killzone)'을 성공적으로 론칭한 이후 2005년 소니 컴퓨터 엔터테인먼트(Sony Computer Entertainment)에 인수되었다. 게릴라는 게임을 사내에서 제작하고 게임 디자인의 모든 과정을 담당한다. 상대적으로 규모가 큰 콘셉트 예술 부서에서는 다양한 게임 환경, 캐릭터, 게임에 등장하는 교통수단을 디자인하고 시각화한다. 다른 게임 스튜디오와 비교할 때 게릴라는 콘셉트 과정에서부터 게임 기능을 갖춘 결과물을 만들기 위해 노력한다. 게임이 가상의 공간이라는 특성이 있기 때문에 콘셉트 게임 자체가 완전한 기능을 갖출 필요는 없다.

게임의 전반적인 느낌을 제공하고 전체적인 게임 환경에 몰입할 수 있는 정도면 충분하다. 이 페이지의 예시는 소니의 플레이스테이션3(Playstation3)에 들어가는 게릴라의 킬존2 예고편에 사용할 콘셉트 작업을 보여 주고 있다. 게임 산업에서 최종 결과물은 컴퓨터로 제작된 가상현실이지만, 많은 시각 자료 및 효과가 개발과정에서 수작업으로 이루어진다. 초

기의 제작 준비 단계뿐 아니라 추후 디자인 과정에 이르기까지 디지털 스케치 테크닉과 같은 형태 최적화나 세부 작업 등이 수작업으로 이루어진다.

디자이너 : 롤랜드 아이저만스(Roland IJzermans)와 미겔 앙헬 마르테스(Miguel Angel Martínez)

게임 산업의 목표 중 하나는 메모리를 최소한으로 사용하면서 최대의 사실적 시각 효과를 제공하는 것이다. 위와 같은 시각 자료는 게임에 들어갈 최종 모델을 제작하기 전에 질감을 최적화시켜서 활용할 수 있는 방법을 찾을 때 사용된다. 이 드로잉들은 3D 모델과 사진을 참고하여 컴퓨터로 작업했다. 드로잉으로 게임 환경 안에서 디자인과 배치를 모두 보여 줄 수 있다. 이러한 종류의 그림을 바탕으로 게임의 전반적 분위기 및 스타일과 콘셉트가 잘 어울리는지 평가한다.

과장된 대기 원근법을 이전 드로잉에서도 찾아볼 수 있다. 게임 분야에서 대기 원근법은 하나의 도구로 인식된다. 대기 원근법으로 보다 생생한 현실감과 깊이감을 생성할 수 있고 렌더링 작업에 필요한 컴퓨터 메모리 사용도 줄일 수 있다.

3장

형태 단순화하기

복잡한 형태를 효과적으로 드로잉하려면 형태를 단순화하는 능력을 가지고 있어야 한다. 대상을 드로잉할 때 제품 외관의 기본 구조를 이해하는 것은 투시도법을 익히는 것만큼 중요하다. 드로잉과 관련된 의사결정은 구조를 해체할 줄 아는 능력과 밀접하게 연관되어 있다. 이는 많은 디자인 방식과 전략에 내재되어 있는 일반적인 디자인 접근법이다. 구조를 보고 분석하는 법을 배우면 복잡한 상황을 이해하기 쉽고 간단한 단계로 단순화시킬 수 있다. 모든 제품은 구조적 분석이 가능하다. 즉 무엇이 해당 제품의 기본 형태인지, 각 부분이 어떻게 연결되어 있는지, 관련된 디테일은 무엇인지 분석해 보는 것이다.

무엇이 본질이고 무엇이 아닌지 결정하면서 계획을 세우면 드로잉을 시작하고 다음 단계로 나아가고 또 완성하는 방법을 알 수 있다. 이러한 분석이 결국 당신의 드로잉 접근 방식을 규정하게 된다. 효과적인 분석이 효과적인 드로잉을 만든다. 이번 장에서는 이러한 효과적인 드로잉 접근법의 중요성을 살펴보기 위해 복잡한 드로잉과 단순한 드로잉을 비교 분석해 본다.

분해하기

효과적인 계획을 가지고 있으면 드로잉 과정을 단순화시키고 속도를 높일 수 있다. 제품의 형태나 특징을 분석해서 복잡한 형태를 단순화시킬 수 있는 효과적인 표현 방법을 찾아보는 것은 유익한 연습 과정이다. 또한 단순화 방법을 찾을 때, 대개 공간 효과를 여러 가지 이유로 고려해 볼 수 있다.

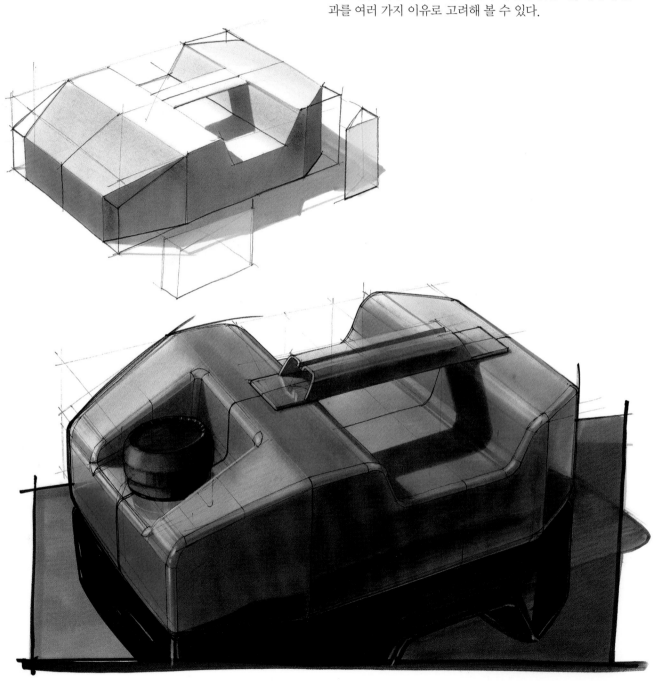

예를 들어, 단순화된 주변 환경은 스케치를 강조할 수 있다. 또한 깊이를 더할 수 있고 대비나 구성과 같은 전반적인 드로잉 레이아웃에 영향을 주기도 한다.

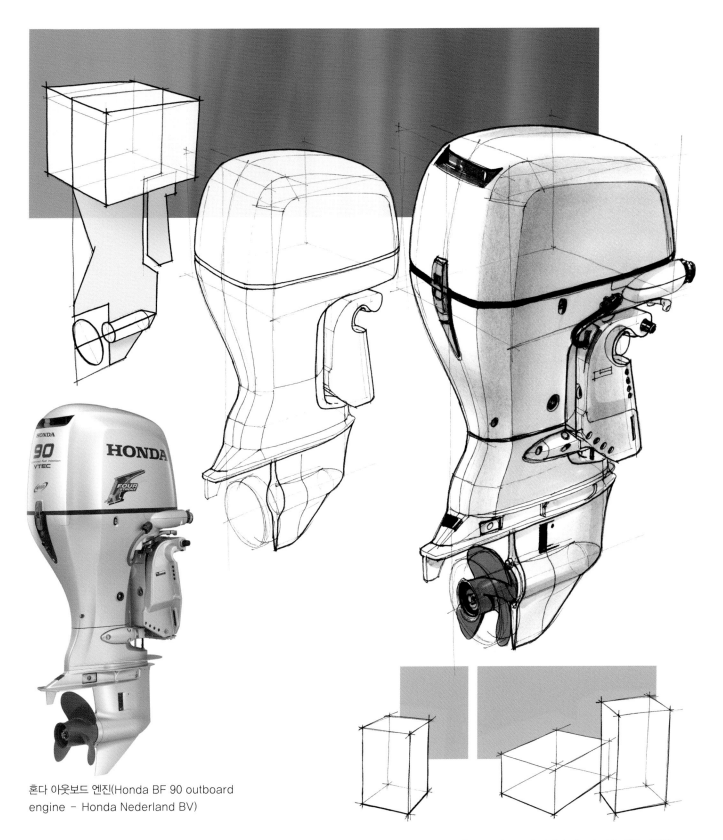

혼다 아웃보드 엔진(Honda BF 90 outboard
engine – Honda Nederland BV)

혼다 아웃보드 엔진의 기본 형태는 사각형과 수직 평면으로 단
순화할 수 있다. 커버가 장갑처럼 하드웨어를 감싸고 있다. 형태
전환은 부드럽고 완만하게 이루어졌다. 추가된 디테일과 그래픽
을 빼면 이러한 형태 전환을 더 잘 볼 수 있다.

여기에서 직사각형 배경은 앞서 살
펴본 오버랩 원리에 기초하고 있
다. 직사각형 배경으로 조금 더 떨
어진 거리를 표현함으로써 드로잉
에 깊이를 더하고 스케치를 더 돋보
이게 할 수 있다. 특히 차가운 계열

의 색이나 채도가 낮은 색을 사용했
을 때 그 효과는 커진다. 여기서는
스케치를 그룹 지어 나누기 위한 방
법으로 푸르스름한 직사각형 배경
을 사용했다.

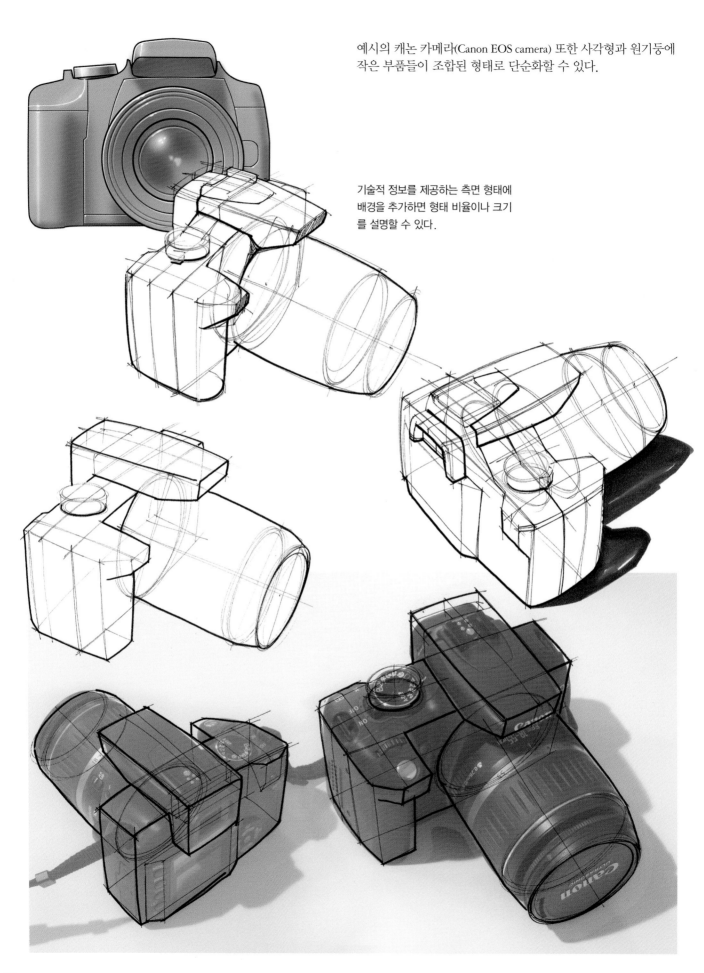

예시의 캐논 카메라(Canon EOS camera) 또한 사각형과 원기둥에 작은 부품들이 조합된 형태로 단순화할 수 있다.

기술적 정보를 제공하는 측면 형태에 배경을 추가하면 형태 비율이나 크기를 설명할 수 있다.

드로잉 접근법

드로잉 접근법에서는 앞서 살펴본 분석 방식이 출발점이 된다. 드로잉은 모두 기본 사각형과 타원에서 시작하고 디테일은 나중에 추가한다.

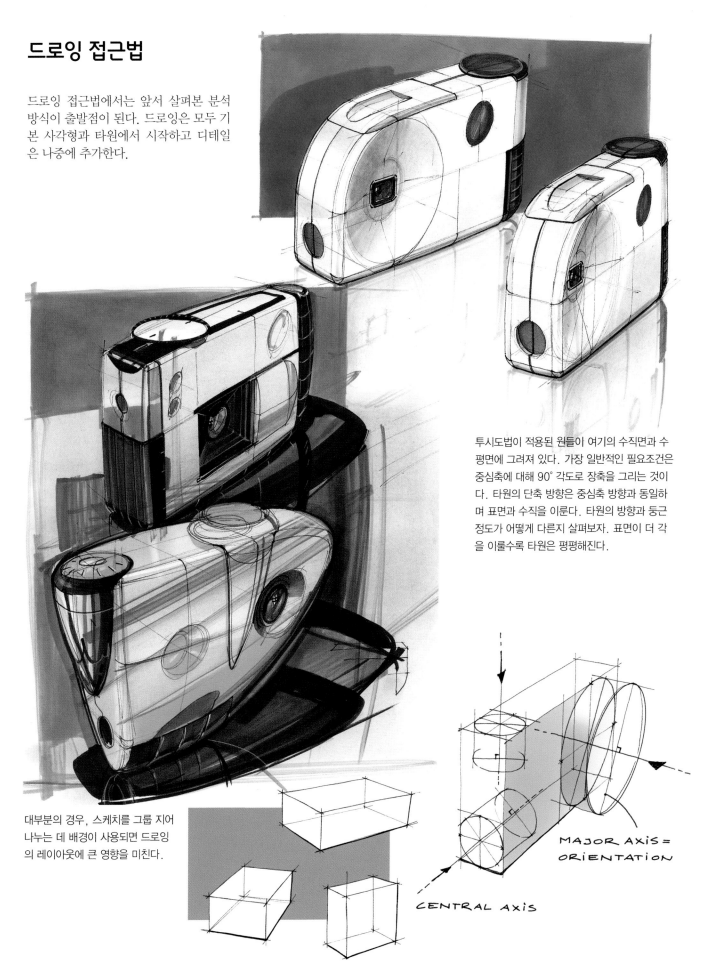

투시도법이 적용된 원들이 여기의 수직면과 수평면에 그려져 있다. 가장 일반적인 필요조건은 중심축에 대해 90° 각도로 장축을 그리는 것이다. 타원의 단축 방향은 중심축 방향과 동일하며 표면과 수직을 이룬다. 타원의 방향과 둥근 정도가 어떻게 다른지 살펴보자. 표면이 더 각을 이룰수록 타원은 평평해진다.

대부분의 경우, 스케치를 그룹 지어 나누는 데 배경이 사용되면 드로잉의 레이아웃에 큰 영향을 미친다.

MAJOR AXIS = ORIENTATION

CENTRAL AXIS

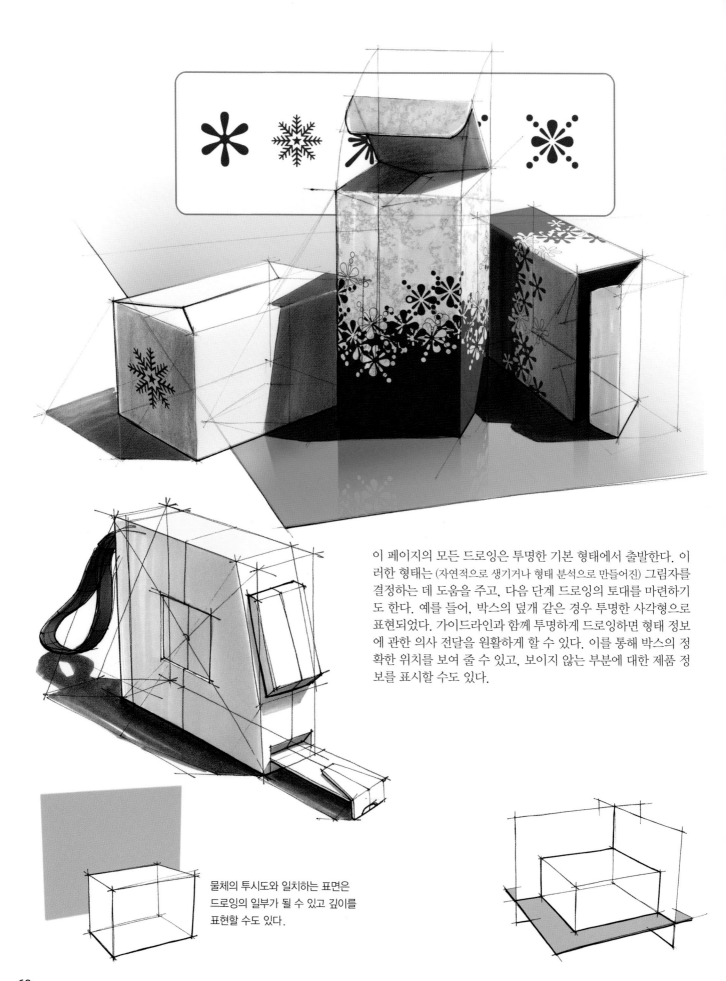

이 페이지의 모든 드로잉은 투명한 기본 형태에서 출발한다. 이러한 형태는 (자연적으로 생기거나 형태 분석으로 만들어진) 그림자를 결정하는 데 도움을 주고, 다음 단계 드로잉의 토대를 마련하기도 한다. 예를 들어, 박스의 덮개 같은 경우 투명한 사각형으로 표현되었다. 가이드라인과 함께 투명하게 드로잉하면 형태 정보에 관한 의사 전달을 원활하게 할 수 있다. 이를 통해 박스의 정확한 위치를 보여 줄 수 있고, 보이지 않는 부분에 대한 제품 정보를 표시할 수도 있다.

물체의 투시도와 일치하는 표면은 드로잉의 일부가 될 수 있고 깊이를 표현할 수도 있다.

먼저 형태의 가장 본질적인 특징에 대해 전체적으로 접근해서
드로잉을 시작하고, 그다음 세부사항을 추가해 보자.

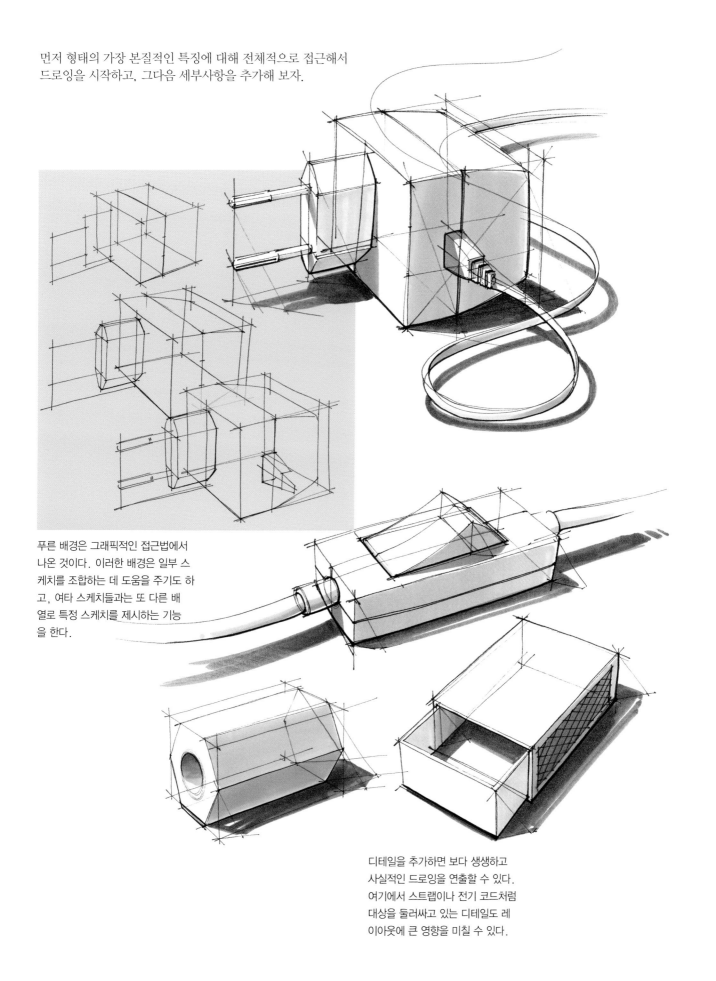

푸른 배경은 그래픽적인 접근법에서
나온 것이다. 이러한 배경은 일부 스
케치를 조합하는 데 도움을 주기도 하
고, 여타 스케치들과는 또 다른 배
열로 특정 스케치를 제시하는 기능
을 한다.

디테일을 추가하면 보다 생생하고
사실적인 드로잉을 연출할 수 있다.
여기에서 스트랩이나 전기 코드처럼
대상을 둘러싸고 있는 디테일도 레
이아웃에 큰 영향을 미칠 수 있다.

형태를 '구성하는 데' 사용된 가이드라인은 제품 형태에 대한 추
가적인 시각 정보를 제공하기 때문에 드로잉을 '보는' 이들에게
도 도움이 된다.

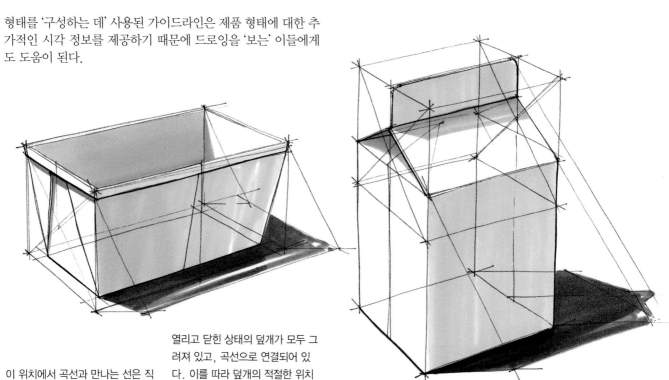

이 위치에서 곡선과 만나는 선은 직
각을 이루는 방향, 즉 두께를 결정
한다.

열리고 닫힌 상태의 덮개가 모두 그
려져 있고, 곡선으로 연결되어 있
다. 이를 따라 덮개의 적절한 위치
를 선택할 수 있다.

마커 리필제품 드로잉은 사각형을 시작으로 앞쪽 끝부분을 기울
여 세워 드로잉했다. 앵글 그라인더의 경우 수평으로 누워있는
원기둥 형태를 시작으로 그 원기둥 형태에 사각형을 붙이는 방
식으로 드로잉했다. 두 개의 원통형 부품이 추가되었고 형태를
보다 둥글게 처리하고 디테일을 추가하면서 드로잉을 완성했다.

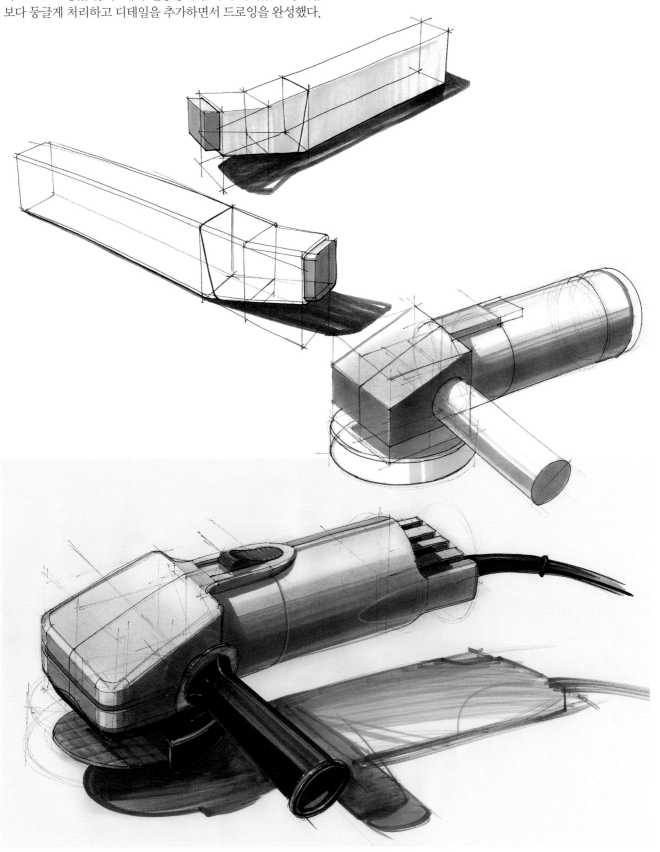

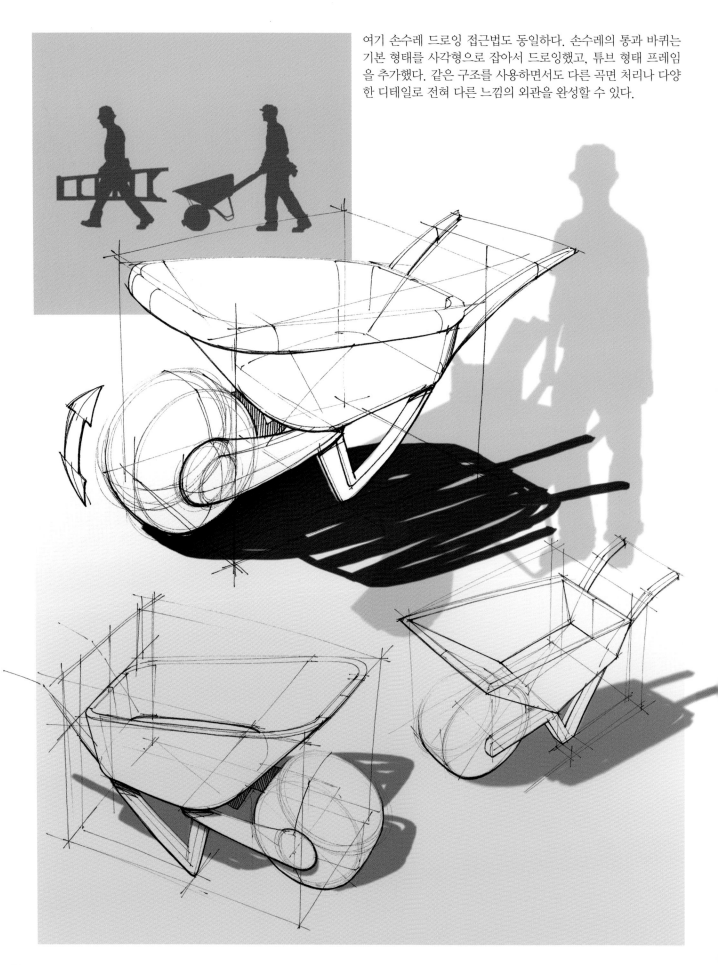

여기 손수레 드로잉 접근법도 동일하다. 손수레의 통과 바퀴는 기본 형태를 사각형으로 잡아서 드로잉했고, 튜브 형태 프레임을 추가했다. 같은 구조를 사용하면서도 다른 곡면 처리나 다양한 디테일로 전혀 다른 느낌의 외관을 완성할 수 있다.

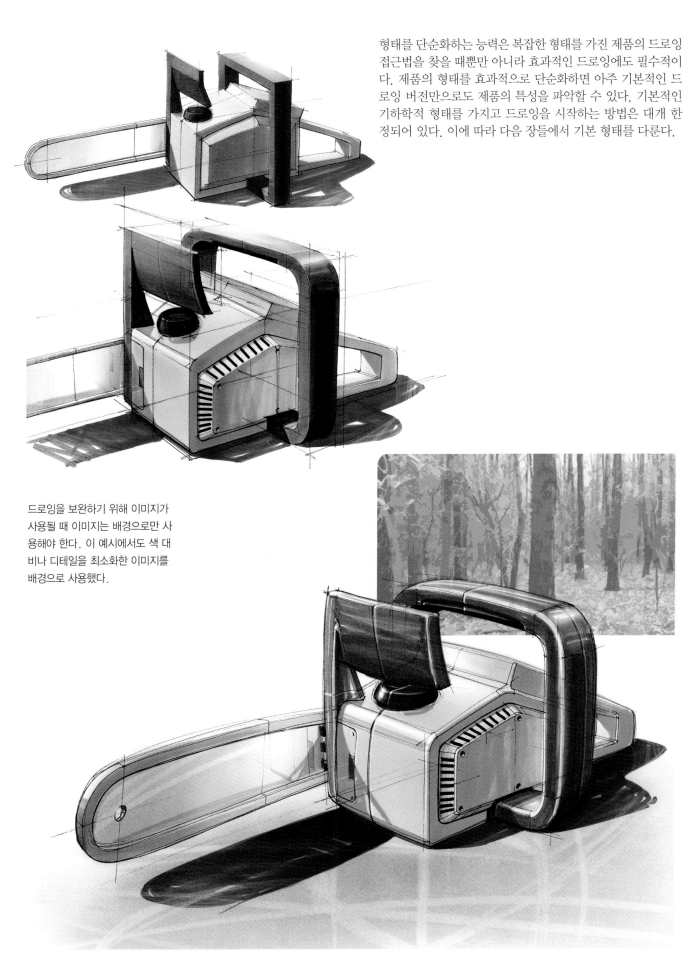

형태를 단순화하는 능력은 복잡한 형태를 가진 제품의 드로잉 접근법을 찾을 때뿐만 아니라 효과적인 드로잉에도 필수적이다. 제품의 형태를 효과적으로 단순화하면 아주 기본적인 드로잉 버전만으로도 제품의 특성을 파악할 수 있다. 기본적인 기하학적 형태를 가지고 드로잉을 시작하는 방법은 대개 한정되어 있다. 이에 따라 다음 장들에서 기본 형태를 다룬다.

드로잉을 보완하기 위해 이미지가 사용될 때 이미지는 배경으로만 사용해야 한다. 이 예시에서도 색 대비나 디테일을 최소화한 이미지를 배경으로 사용했다.

WAACS - 스크린 스케치 필름/포일 (Screen Sketching Foil)

2006년 브라이 네덜란드(Vrij Nederland) 잡지에 실린 Joost Alferink의 칼럼

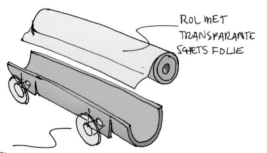

우리 주변의 새로운 제품은 항상 반응을 불러일으킨다. 요즘 모든 사무용 책상에는 평면 스크린이 놓여 있다. 예전에는 투박한 모니터가 놓여 있었다면 이제는 액정 화면이 모니터를 대신한다. 이러한 발전으로 책상 공간을 적게 차지하고 모니터가 깜박이는 현상을 줄이는 장점 외에도 다른 이점을 누릴 수 있다. 우리는 두 팀원이 디자인 과정에서 펜이나 연필로 하나의 평면 스크린에 같이 드로잉하면서 일하는 모습을 자주 목격한다. 이 과정에서 컴퓨터를 이용해 실물 크기로 시각화한 새로운 제품의 디테일 부분을 빠르게 재작업 한다. 이러한 과정이 끝나면 잉크나 연필 자국을 없애기 위해 세정제로 스크린을 박박 닦아 내야 한다. 분명한 것은 평면 스크린을 디자인할 때 이 점을 염두에 두지는 않았다는 것이다. 이제는 대안이 필요하다. 대안은 바로 스크린 스케치 필름이다!

투명 필름의 스크린 보호 기능의 비밀은 스크린 뒤에 부착하는 필름 홀더에 있다. 즉 필름 한 장이 스크린 필름 홀더에 항상 걸려 있어서 언제라도 사용이 가능하다. 우리는 심지어 필름에 기입한 정보를 바로 디지털화할 수 있는 가능성에 대해서도 검토 중이다. 수작업으로 드로잉하는 경향은 아날로그와 디지털의 격차만 심화시킨다. 특히 비트가 지배하는 디지털 시대에 우리에게는 이 스크린 스케치 필름이 더욱 필요하다!

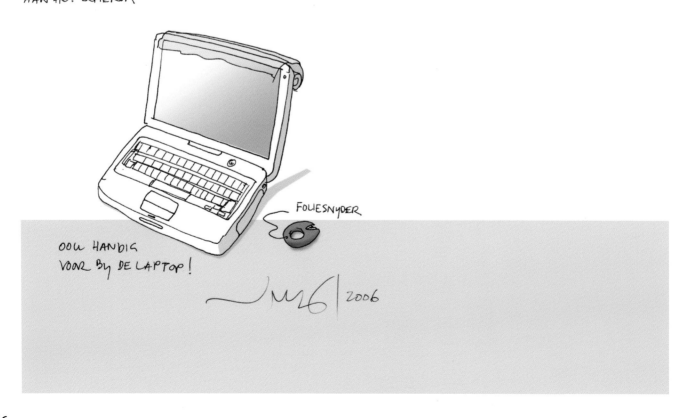

기본적인 형태와 음영

드로잉에 나타나는 직접적인 공간감은 (빛의 방향과 관련된) 음영에 의해 결정되는 경우가 많다. 깊이를 만들어 내는 방법으로 음영이 사용되기 때문이다. 그림자는 물체의 형태를 강조할 수 있고 표면이나 평면상에서 제품과 부품의 위치를 명확하게 보여줄 수 있다. 음영 처리가 어려워 보일 수 있지만, 대부분의 물체가 기본 형태의 조합으로 단순화될 수 있듯이 음영도 동일한 방법으로 표현할 수 있다. 일반적으로 사각형, 원기둥, 구 형태가 기본적인 볼륨의 시작점이다.

Michael Graves - Euclid thermos jug for Alessi, 1993-2001

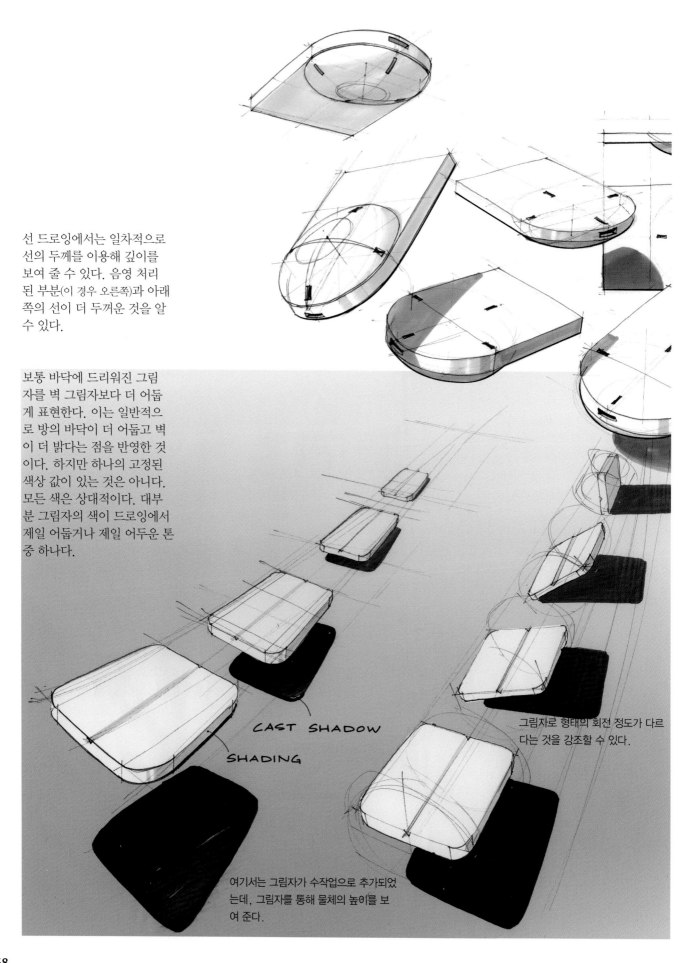

선 드로잉에서는 일차적으로 선의 두께를 이용해 깊이를 보여 줄 수 있다. 음영 처리 된 부분(이 경우 오른쪽)과 아래 쪽의 선이 더 두꺼운 것을 알 수 있다.

보통 바닥에 드리워진 그림 자를 벽 그림자보다 더 어둡 게 표현한다. 이는 일반적으 로 방의 바닥이 더 어둡고 벽 이 더 밝다는 점을 반영한 것 이다. 하지만 하나의 고정된 색상 값이 있는 것은 아니다. 모든 색은 상대적이다. 대부 분 그림자의 색이 드로잉에서 제일 어둡거나 제일 어두운 톤 중 하나다.

CAST SHADOW

SHADING

그림자로 형태의 회전 정도가 다르 다는 것을 강조할 수 있다.

여기서는 그림자가 수작업으로 추가되었 는데, 그림자를 통해 물체의 높이를 보 여 준다.

사각형

적절한 색 대비와 그림자의 크기를 나타낼 수 있는 빛의 방향을 선택해야 한다. 모든 기본 형태는 그에 맞는 특징적인 그림자가 있다. 그림자는 물체의 형태를 강조할 수 있을 정도로 충분히 커야 한다. 하지만 물체를 부각시킬 정도여야지 드로잉 레이아웃에 방해가 될 정도로 큰 것은 좋지 않다.

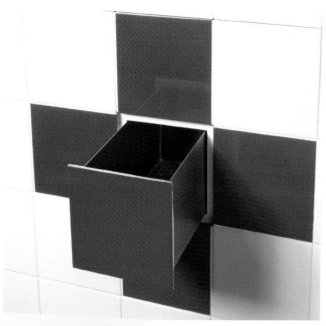

화장실 타일 세부 모습(Detail, Functional Bathroom Tiles) – Arnout Visser, Erik Jan Kwakkel and Peter vd Jagt

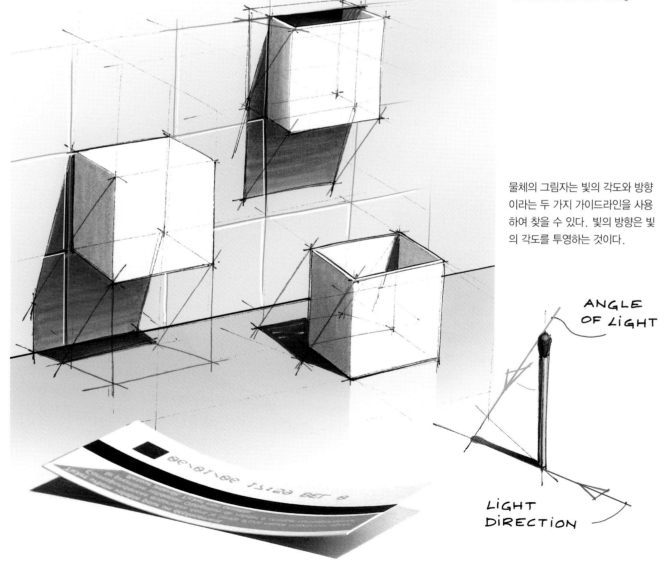

물체의 그림자는 빛의 각도와 방향이라는 두 가지 가이드라인을 사용하여 찾을 수 있다. 빛의 방향은 빛의 각도를 투영하는 것이다.

ANGLE OF LIGHT

LIGHT DIRECTION

음영 처리된 면은 광원으로부터 더 각이 질수록 더욱 어둡게 보인다. 따라서 빛의 영향으로 물체에서 눈에 보이는 면의 색조가 각각 다르게 나타난다. 한 면은 '완전한 색'으로 나타나며 채도가 가장 높다. 음영 처리된 면의 색은 어둡고 검은색 계열과 혼합된 낮은 채도로 나타난다. 윗부분은 흰색을 더 많이 포함하고, '완전한 색'으로 표현되는 면보다 더 밝다.

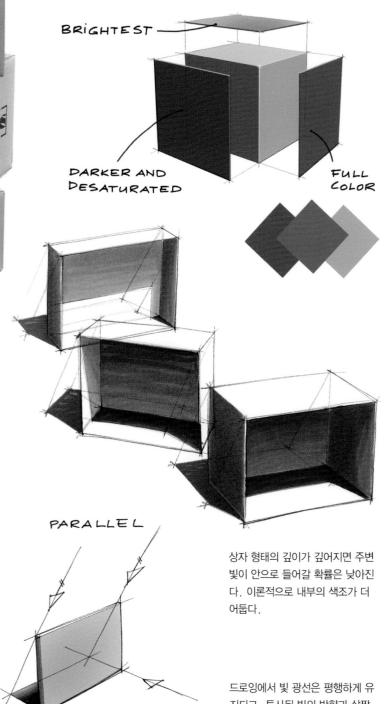

BRIGHTEST

DARKER AND DESATURATED

FULL COLOR

PARALLEL

CONVERGENT

햇빛(평행 광선)은 예측할 수 있는 확실한 그림자를 만들어 내기 때문에 드로잉할 때 광원으로 햇빛을 선호한다. 램프 조명은 위치에 따라서 형태가 다른 그림자를 만든다.

상자 형태의 깊이가 깊어지면 주변 빛이 안으로 들어갈 확률은 낮아진다. 이론적으로 내부의 색조가 더 어둡다.

드로잉에서 빛 광선은 평행하게 유지되고, 투사된 빛의 방향과 살짝 교차해서 만난다.

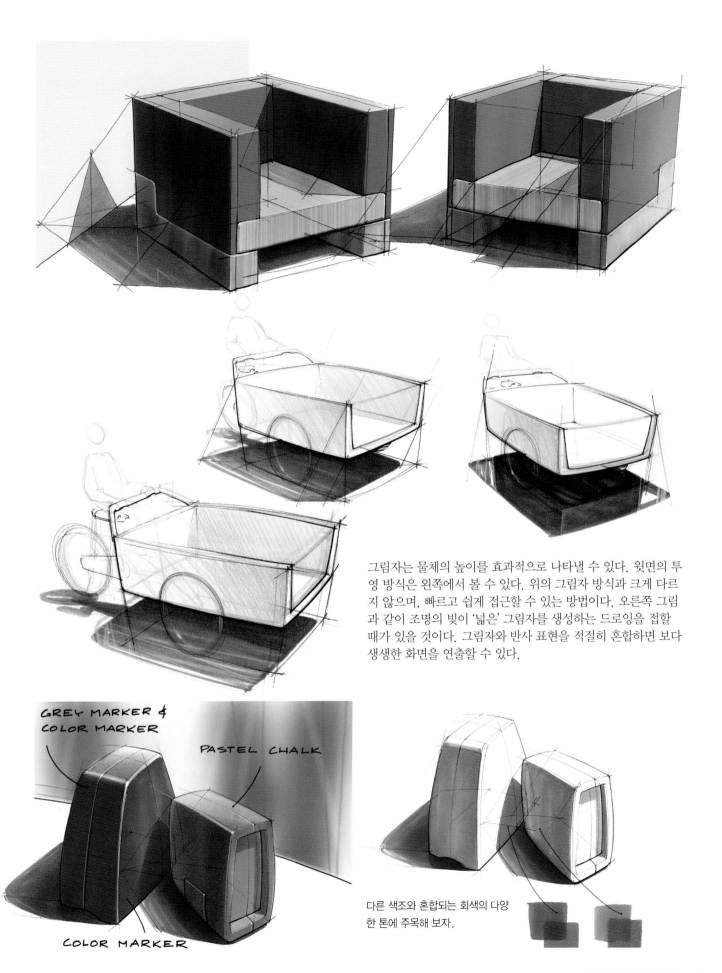

그림자는 물체의 높이를 효과적으로 나타낼 수 있다. 윗면의 투영 방식은 왼쪽에서 볼 수 있다. 위의 그림자 방식과 크게 다르지 않으며, 빠르고 쉽게 접근할 수 있는 방법이다. 오른쪽 그림과 같이 조명의 빛이 '넓은' 그림자를 생성하는 드로잉을 접할 때가 있을 것이다. 그림자와 반사 표현을 적절히 혼합하면 보다 생생한 화면을 연출할 수 있다.

GREY MARKER & COLOR MARKER

PASTEL CHALK

COLOR MARKER

다른 색조와 혼합되는 회색의 다양한 톤에 주목해 보자.

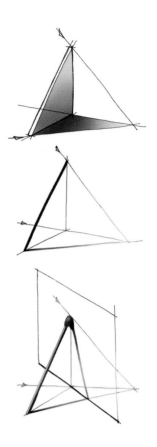

이 세 가지 스케치에서, 음영 표현에 대한 드로잉 접근법이 모두 비슷한 것을 알 수 있다.

스튜디오 크리스 카벨(Studio Chris Kabel) - Shady Lace(그늘을 드리우는 레이스), 2003. 야외 사진 : Daniel Klapsing

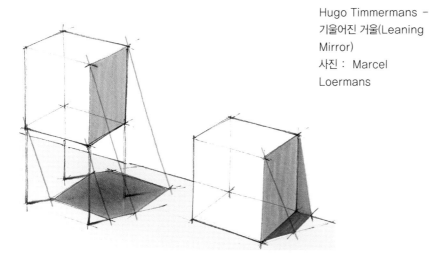

Hugo Timmermans –
기울어진 거울(Leaning
Mirror)
사진 : Marcel
Loermans

주변 조명은 그 자체가 광원은 아니지만 반사광이다. 주변 빛의 영향으로 그림자는 물체와 멀어질수록 흐려진다. 이러한 명암 변화로 물체가 더욱 사실적으로 표현된다. 바닥에 생기는 열린 구조의 그림자는 물체의 열린 구조를 강조하는 효과가 있다.

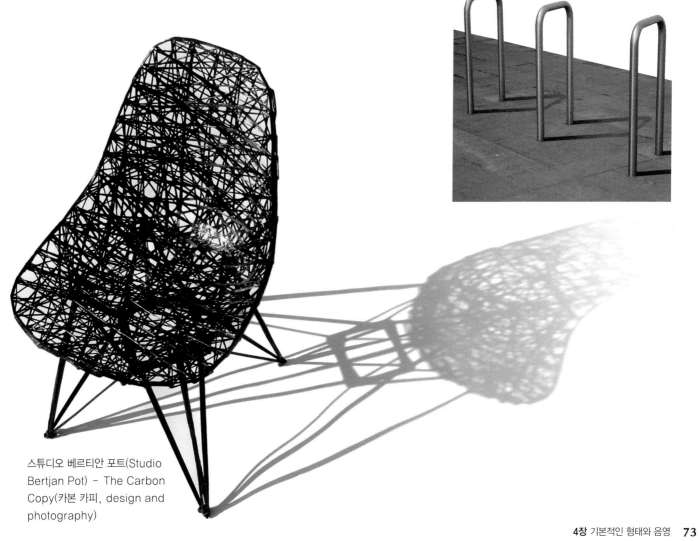

스튜디오 베르티안 포트(Studio
Bertjan Pot) – The Carbon
Copy(카본 카피, design and
photography)

원기둥, 구, 원뿔

사진의 항해 부표는 원기둥, 원뿔, 구 형태의 조합으로 구성
되었다. 이렇게 형태를 분해하고 단순화하는 작업은 앞서 살
펴본 사각 형태와 같은 방법으로 하면 된다.

명암의 갑작스러운 변화가 눈에 띈다. 똑바로 선 원뿔은 원기둥
보다 밝게 빛나고, 따라서 밝은 면적을 넓게 갖는다. 여기서도
그림자는 깊이의 차이를 보여 준다.

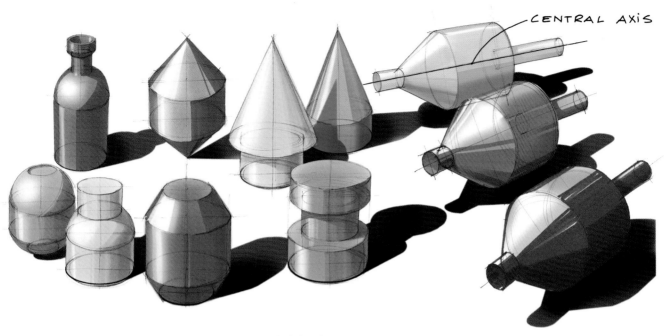

CENTRAL AXIS

원기둥 형태 드로잉은 중심축을 잡는 것에서부터 시작한다. 타
원의 방향과 장축은 이 중심축과 수직이 된다. 수평 원기둥에서
중심축의 방향은 타원 둥글기에 영향을 준다. 마지막으로 타원
과 만나는 접선으로 형태를 완성한다.

원기둥 형태의 그림자는 윗면의 투영을 통해 결정된다. 투시도
법 때문에 원기둥 바닥의 타원과 윗면 타원의 둥글기가 약간 다
르다. 사진에서 보이는 볼링 핀의 그림자는 전략적으로 구성된
공간 위에 수평 단면을 이용하여 너비의 변화를 표현하면 된다.
투시도법에 의해 이러한 타원은 위쪽으로 갈수록 더 평평해진
다. 타원을 바닥면에 투영해서 연결하면 그림자가 된다. 주변
조명 때문에 가장 어두운 부분은 그림자의 외곽이 아니라 그림
자 내부에서 나타난다.

이 구형 그림자의 타원형 외곽은 형태의 너비로 추정해 볼 수
있다. 이 타원은 다소 기울어져 있다.

DARKEST
AREA

76

타원 드로잉은 사실 매끄러운 수많은 선을 회전시켜서 매력적인 형태를 만들어 내는 것을 의미한다. 타원의 방향은 원기둥의 중심축과 수직이 되어야 한다. 원기둥이 더 기울어질수록 타원은 평평해진다.

원기둥 형태의 물체가 수평으로 놓이면, 그 그림자를 예측하기가 어렵다. 여기에서는 본래의 타원 주위에 정사각형 면을 그려서 이 정사각형의 그림자를 결정하고, 그 안에 타원을 그려서 그림자를 완성했다.

똑바른 원기둥에 원뿔 형태를 조합하는 것보다 살짝 굴곡지
게 드로잉하면 물체의 외형을 색다른 느낌으로 나타낼 수 있다.
상대적으로 간단한 이 접근 방식은 흥미로운 과정이 될 것이다.
전형적이지 않은 독특한 형태를 찾다 보면 놀라운 결과를 금방
얻을 수 있다.

이번 장에서 살펴본 기본 원리를 그림자를 추정하는 배경지식으로 활용해 보자. 약간 기울어져 연결된 타원을 다양하게 스케치해 보면, 투시도법에 맞는 기울어진 원의 그림자를 예측하는 작업이 어렵지 않을 것이다. 그림자 예측은 그림자 자체를 그리는 것보다 효과적인 스케치와 더욱 밀접한 관련이 있다.

아우디(Audi AG, 독일)
- 이보 반 훌텐(Ivo van Hulten)

아우디 R8의 실내 디자인 (2006년 파리 모터쇼)

사용자 인터페이스(UI, User Interfaces) 스케치는 태블릿과 페인터 프로그램으로 직접 작업했다. 기본 선과 타원은 작은 에어브러시로 스케치했다. 두 번째 단계에서는 강한 반사와 어두운 그림자 표현을 추가했다. 큰 에어브러시를 사용해 약한 반사 표현과 부드러운 그림자를 그렸다. 이를 통해 스케치의 분위기와 재료의 느낌을 살려줄 수 있다. 최종 단계에서는 하이라이트와 채색으로 드로잉을 완성했다. 디자인 가능성을 탐색하고 평가하기 위해서 제어장치와 기어 형태 분해도를 별도로 제시했다.

수석 디자이너 : 발터 드 실바(Walter de'Silva)

5장

타원에 주목하기

보통은 사각형을 기본 형태로 잡고 드로잉을 시작하는 것이 당연하게 보일지 모르나, 사실 원기둥이나 타원 형태로 시작하는 것이 더 적합한 경우가 많다. 이러한 접근법에 따라 5장에서는 다른 형태들과 연결되는 타원의 주요 역할에 대해 알아본다.

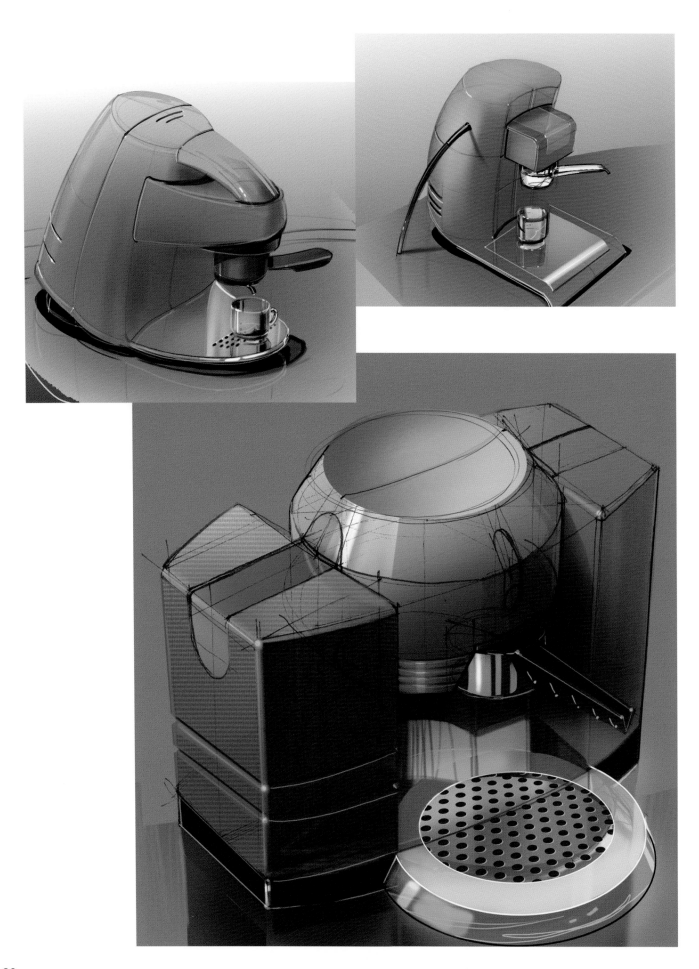

수직 원기둥

수직 원기둥에 추가된 사각형의 방향은 상단 타원의 중심을 관통하는 축선(axial line)을 따라 그린 것이다. 사각형의 방향이나 두께에 약간의 변화를 주면 다양한 형태를 만들 수 있다.

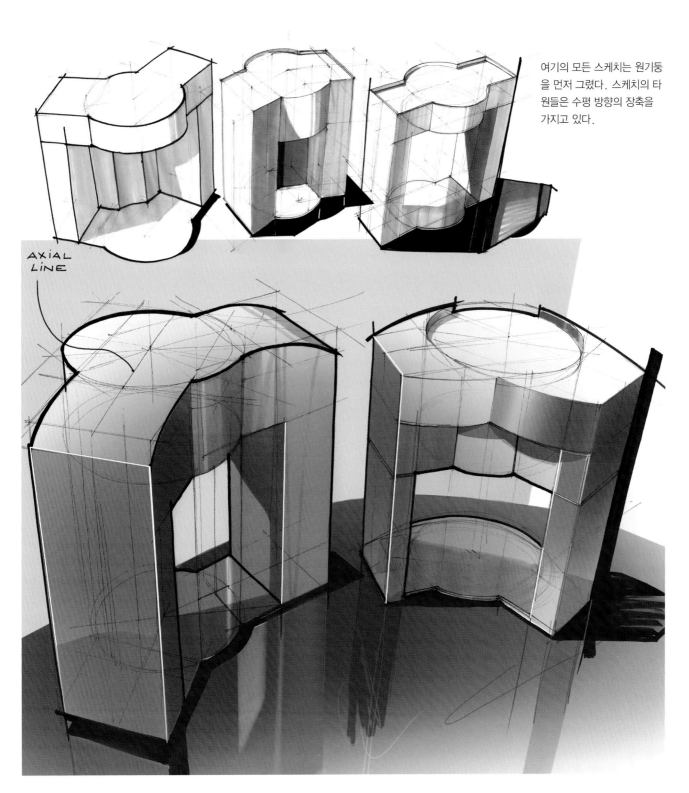

여기의 모든 스케치는 원기둥을 먼저 그렸다. 스케치의 타원들은 수평 방향의 장축을 가지고 있다.

AXIAL
LINE

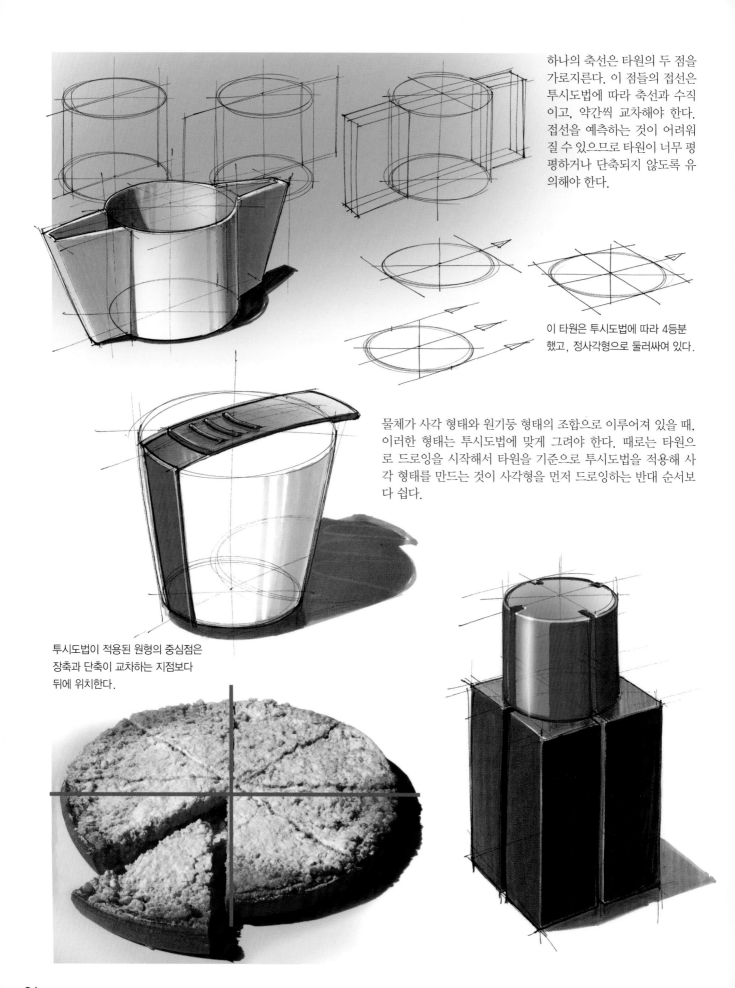

하나의 축선은 타원의 두 점을 가로지른다. 이 점들의 접선은 투시도법에 따라 축선과 수직 이고, 약간씩 교차해야 한다. 접선을 예측하는 것이 어려워 질 수 있으므로 타원이 너무 평 평하거나 단축되지 않도록 유 의해야 한다.

이 타원은 투시도법에 따라 4등분 했고, 정사각형으로 둘러싸여 있다.

물체가 사각 형태와 원기둥 형태의 조합으로 이루어져 있을 때, 이러한 형태는 투시도법에 맞게 그려야 한다. 때로는 타원으 로 드로잉을 시작해서 타원을 기준으로 투시도법을 적용해 사 각 형태를 만드는 것이 사각형을 먼저 드로잉하는 반대 순서보 다 쉽다.

투시도법이 적용된 원형의 중심점은 장축과 단축이 교차하는 지점보다 뒤에 위치한다.

84

타원 단면의 방향을 선택하는 작업은 타원의 장축 및 단축과는 독립적으로 이루어진다. 장축과 단축은 수평이나 수직으로 남는다. 축선의 각 방향으로 또 다른 접선들이 만들어진다.

스케치에서 각각의 형태가 잘 보일 수 있는 각도로 표현하기 위해 물체를 다양하게 회전시켰다.

로열 베크(Royal VKB) 제품 디자인, Jan Hoekstra 디자인 스튜디오의 프로젝트. 이 용기 디자인을 사용하면 내용물 혼합과 정량 계산을 같은 용기에서 한 번에 할 수 있다..

사진 : Marcel Loermans

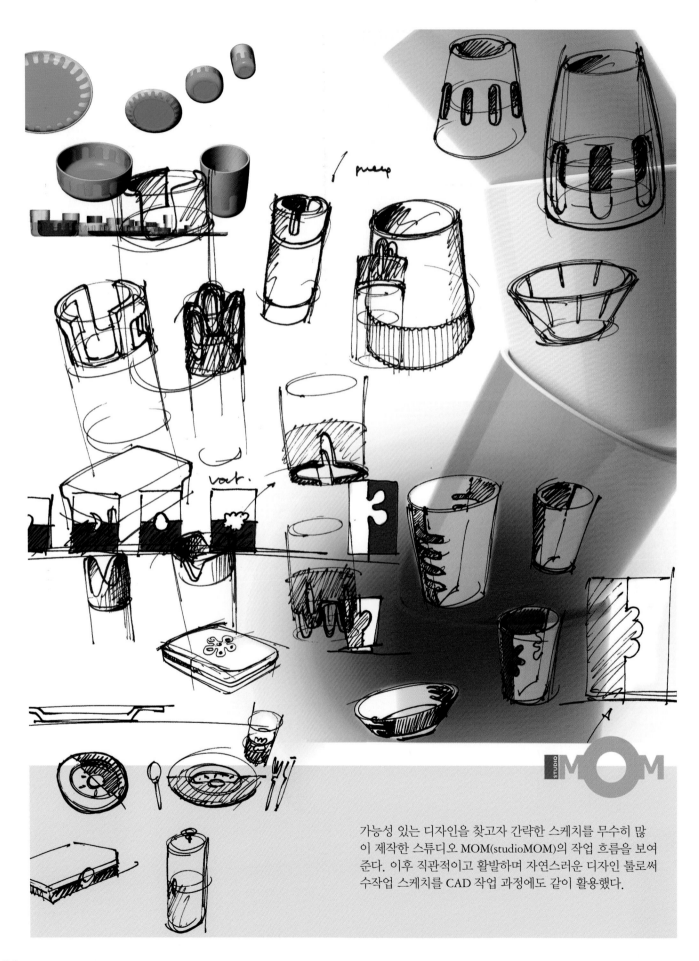

가능성 있는 디자인을 찾고자 간략한 스케치를 무수히 많이 제작한 스튜디오 MOM(studioMOM)의 작업 흐름을 보여준다. 이후 직관적이고 활발하며 자연스러운 디자인 툴로써 수작업 스케치를 CAD 작업 과정에도 같이 활용했다.

스튜디오 MOM(studioMOM)

이 멜라민 식기류는 2006년 위젯(Widget)이 의뢰한 디자인 작업으로 위젯은 세계적인 가정용 소품 공급업체다. 이 용기의 기본적인 특징은 밝은 컬러와 분명한 형태 그리고 재미있고 튼튼해 보이는 외관이다. 전 연령대의 사용자를 아우를 수 있게 디자인한 식기 컬렉션이기 때문에 아이디어 개발 과정에서 다양한 테마를 탐색했다.

컬렉션은 접시, 볼, 컵으로 구성되어 있으며 샐러드 나이프, 쟁반, 주전자와 같이 서빙용과 음료용으로 새롭게 디자인된 식기류까지 포함될 예정이다.

디자이너 : 스튜디오 MOM, 앨프레드 반 엘크(Alfred van Elk), 마르스 홀베르다(Mars Holwerda)
사진 : 위젯(Widget)

포드 자동차(Ford Motor Company, 미국) - 로렌스 반덴애커(Laurens van den Acker)

모델 U(2003년)의 전반적인 디자인 프로젝트는 굿이어 (Goodyear) 타이어와 함께 새로운 프로필을 개발할 수 있는 기회였다. 굿이어 타이어를 통해 콘셉트를 완성하고 보다 '경주용' 자동차 같은 이미지를 만들 수 있었다.

여기에서 보이는 바와 같이 디자이너는 디자인 작업 과정을 기록으로 남겨 두는 것을 선호했다. 이렇게 하면 추후에 디자인 관련 의사결정을 해당 맥락 안에서 할 수 있고, 의사결정과 최종 결과를 쉽게 연결할 수 있다.

축선을 긋고 반지름을 둘로 나눈다. 그다음 접선을 이 반지름의 중간지점으로 옮긴다.

정삼각형이나 오각형처럼 다소 불분명한 형태를 드로잉할 때도 타원과 원기둥 형태는 효과적인 출발점이 된다. 여러 동일한 형태의 물체가 같이 배열될 때 타원을 사용해서 드로잉하는 것이 특히 유용하다. 왜냐하면 어떤 방향으로든 타원을 관통하는 축선을 가지고 드로잉을 시작할 수 있고, 자유롭게 회전하는 여러 물체를 표현할 수 있기 때문이다.

동일한 기법이 오각형을 그릴 때도 적용된다. 먼저 축선을 그리고, 한쪽 반지름을 3등분 한다. 그 다음 다른 반지름을 4등분 한다. 여기서도 접선을 위의 그림에서 보이는 것과 같은 위치로 이동시킨다.

삼각형을 더 나누면 육각형이 만들어진다.

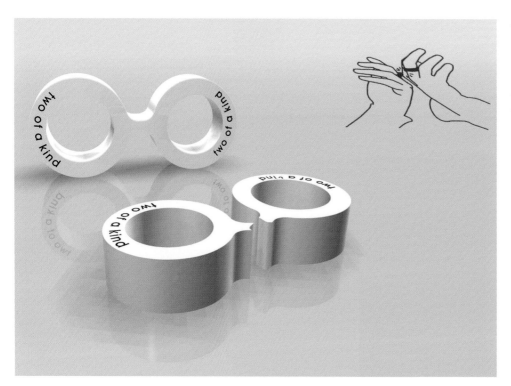

스튜디오 프레데릭 로제(Frederik Roije)의 '서로 닮은 우리(Two of a kind, 2004)'는 자기로 만들어진 이중 반지다. 서로 이어진 두 반지의 연결고리를 깨뜨림으로써 서로에 대한 약속의 의미가 만들어진다.

플로리스 스혼데르베크(Floris Schoonderbeek)가 디자인한 Dutchtub은 '새로운 방식의 야외 목욕'을 제안한다. 이 욕조는 전기나 배관 그리고 온수가 전혀 필요 없다. 욕조에 물을 채운 후 (자연적인) 불로 가열하면 된다. Dutchtub은 2004년 네덜란드 디자인 어워드(Dutch Design Awards)에 선정되었다.

사진 : Dutchtub (미국)
제품 사진 : Steven van Kooijk

둘 이상의 원기둥이나 원뿔 형태의 조합을 드로잉하려면
처음 그린 원기둥이나 원뿔을 투시도상 필요한 방향으로
복제하면 된다. 렌즈 한 쌍을 넣도록 두 통이 연결되어 있
는 렌즈 케이스가 바로 이런 형태다.

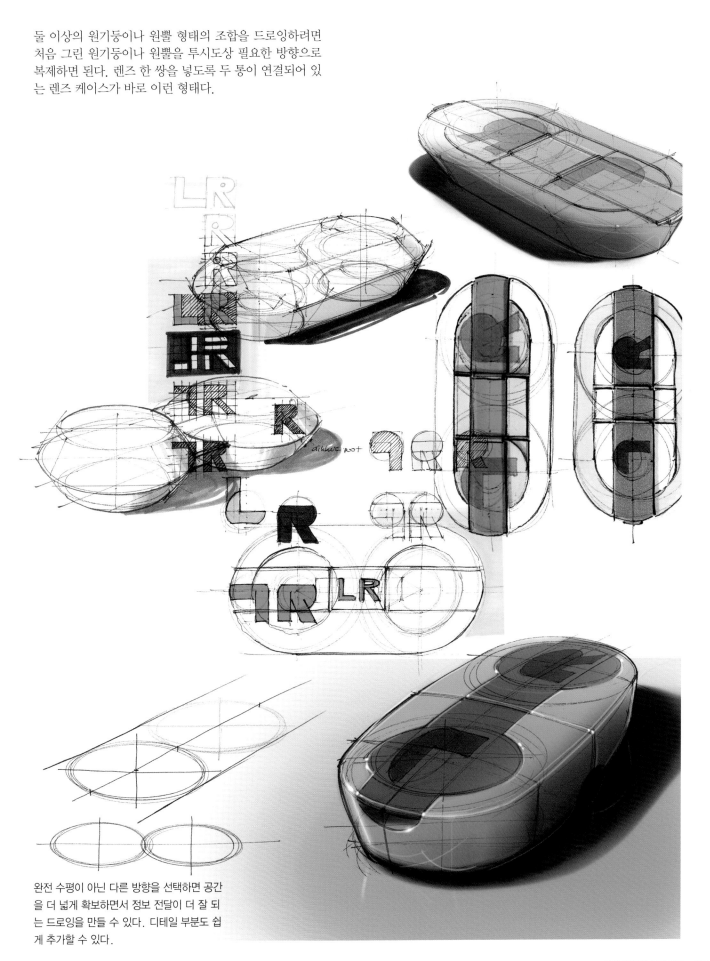

완전 수평이 아닌 다른 방향을 선택하면 공간
을 더 넓게 확보하면서 정보 전달이 더 잘 되
는 드로잉을 만들 수 있다. 디테일 부분도 쉽
게 추가할 수 있다.

수평 원기둥

수평 원기둥 형태에 손잡이와 같은 디테일을 추가할 때는 중심선과 단면을 사용해서 드로잉하면 된다. 여기서는 중심선으로 수평 및 수직의 선과 단면을 모두 사용했다.

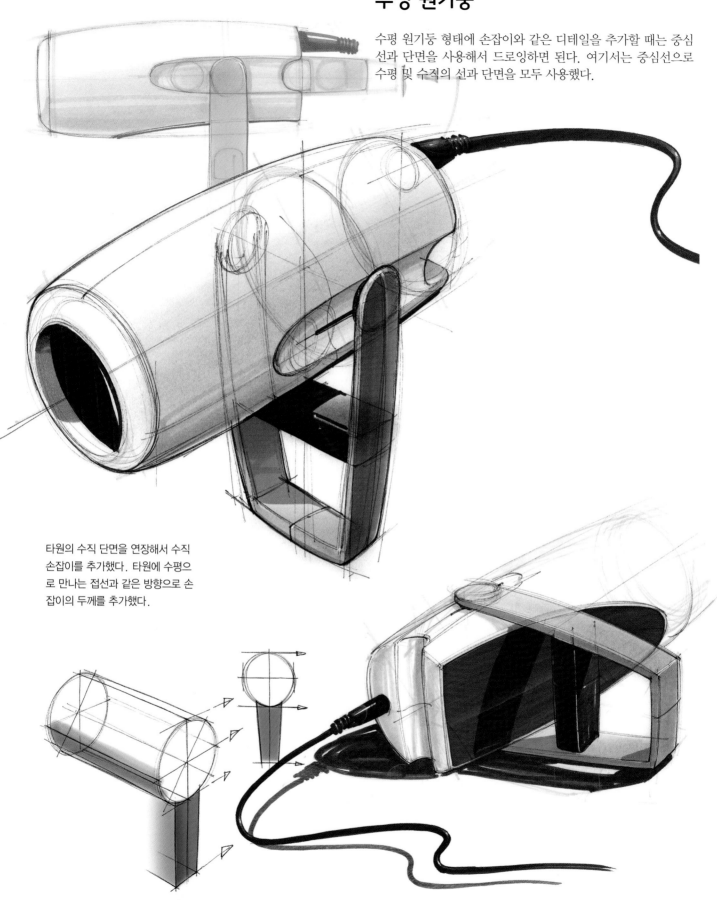

타원의 수직 단면을 연장해서 수직 손잡이를 추가했다. 타원에 수평으로 만나는 접선과 같은 방향으로 손잡이의 두께를 추가했다.

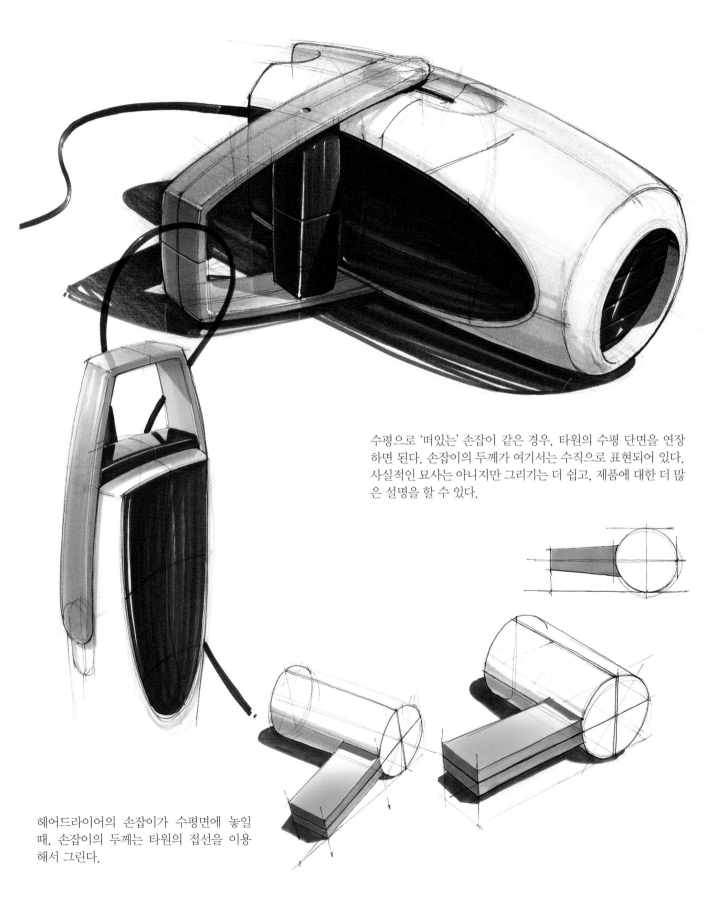

수평으로 '떠있는' 손잡이 같은 경우, 타원의 수평 단면을 연장하면 된다. 손잡이의 두께가 여기서는 수직으로 표현되어 있다. 사실적인 묘사는 아니지만 그리기는 더 쉽고, 제품에 대한 더 많은 설명을 할 수 있다.

헤어드라이어의 손잡이가 수평면에 놓일 때, 손잡이의 두께는 타원의 접선을 이용해서 그린다.

쌍안경은 기본적으로 두 개의 원기둥이 연결되는 구조다. 이러한 형태를 드로잉할 때는 두 원기둥을 평행하게 놓고 그 둘을 연결하면서 시작하면 된다.

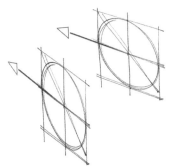

첫 번째 타원의 방향과 둥글기는 두 번째 원기둥을 그릴 위치에 큰 영향을 준다.

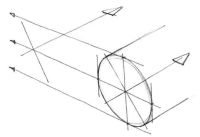

가장 가까운 타원을 시작으로 투시 도법이 적용된 수평 가이드라인을 그려보자. 다음 원기둥은 이 라인들 안쪽의 중앙에 위치시킨다.

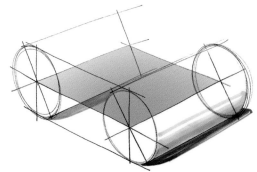

수평면을 이용해서 마지막 타원을 그린다.

TOP

CENTRE
OF CIRCLE

BOTTOM

The Hague by Remy &
Veenhuizen ontwerpers의
VROM 구내식당의 인테리어용 벤
치, 2002.

원의 중심은 축선의 교차점 뒤에 위치한다. 이 중심을 통과하
는 수직선으로 타원의 위와 아래가 어디인지 알 수 있다. 타원
의 위아래와 접하는 선의 후퇴선은 한 점으로 모여야 한다. 타
원의 수평 단면을 보면 양 끝에 수직으로 타원과 접하는 선들
이 있다.

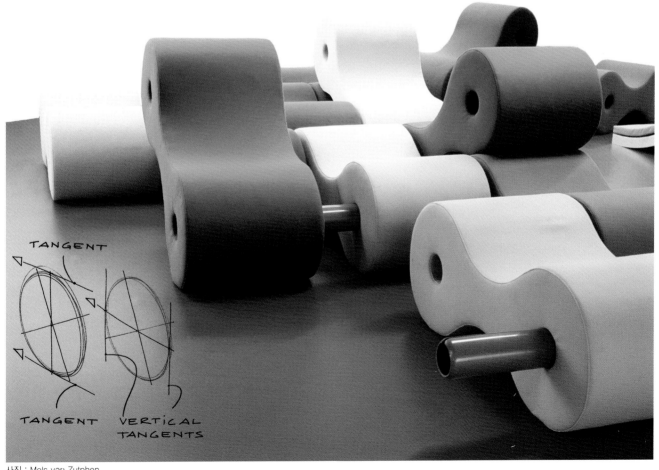

TANGENT

TANGENT   VERTICAL
           TANGENTS

사진 : Mels van Zutphen

형태의 조합

여러 방향으로 이루어진 원기둥이 조합된 형태를 드로잉할 때도 앞서 살펴본 전략을 사용하면 된다. 즉 타원과 원기둥으로 드로잉을 시작해서 그 형태들을 연결하면 된다. 여기에서 중요한 것은 타원의 둥글기다. 특히 다양한 단면이나 수직 형태 등은 투시도법에 맞게 그려야 한다.

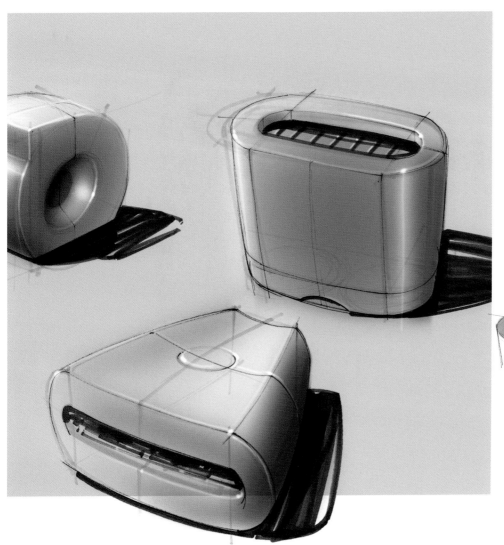

타원이 반원으로 나눠지고 이 둘이
수직 방향으로 분리되는 것에 주목
해 보자.

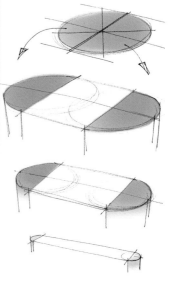

원기둥보다 사각형에 더 가까운 형태라면, 사각형으로 드로
잉을 시작하는 것이 바람직하다. 그다음 소위 '곡면'이라고 불
리는 원기둥 부분을 추가하면 된다.

Drawing these roundings,
one should keep in mind
that, taken together, they
should form an ellipse
again.

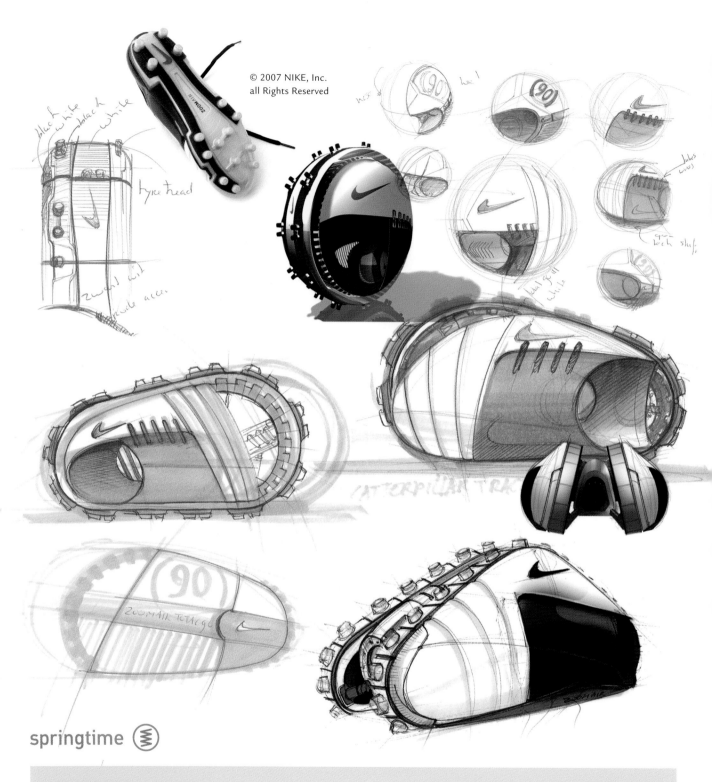

springtime

스프링타임(Springtime)

나이키(Nike) EMEA(유럽 및 중동·아프리카) 2005의 업 그레이드(UPGRADE!) 축구 캠페인으로 위든&케네디 (Wieden+Kennedy) 암스테르담 지사가 나이키의 축구 관련 제품을 홍보할 목적으로 제작했다. 스프링타임은 나이키의 핵심 축구 제품 다섯 개를 각각 대표하는 다섯 가지의 미래 지향적 기계를 디자인해서 캠페인에 활용했다. 여기 예시가

그중 하나다. 예시를 통해 스케치와 렌더링 사이 상호 작용을 확인할 수 있다. 이 작업 과정에서 디테일을 탐색하고 이전의 3D 모델링 작업에서 결정된 사항을 검토하면서, 스케치는 대 략적인 3D 렌더링과 스크린샷(screenshots)으로 변화했다.

디자이너 : Michiel Knoppert 컴퓨터 렌더링 : 미힐 반 이프런(Michiel van Iperen)
사진 : 폴 D. 스콧(Paul D. Scott)

프레젠테이션에서 렌더링을 사용한 후, 다음 단계에서는 다시 스케치에서 출발했다. 가능성 있는 스케치를 활용해 새롭게 렌더링했다.

원기둥 조합

잘 알려진 또 다른 형태 조합은 많은 제품에서 보이는 원기둥 형태의 조합이다. 타원과 단면이 이러한 형태를 연결할 때 사용된다.

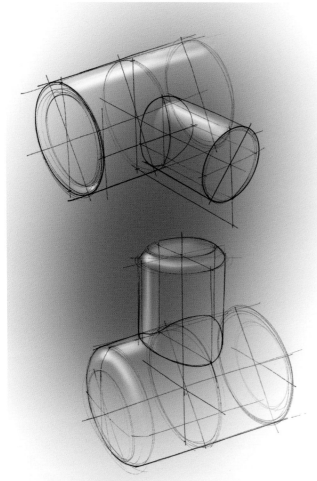

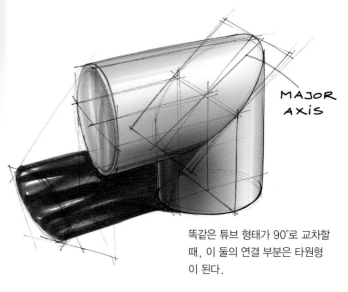

MAJOR AXIS

똑같은 튜브 형태가 90°로 교차할 때, 이 둘의 연결 부분은 타원형이 된다.

더 작은 원기둥의 수평 및 수직 단면은 더 큰 원기둥에 투영되고, 연결 부분의 높이와 너비를 나타낸다.

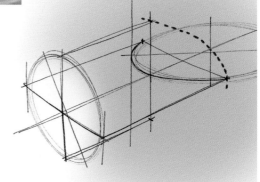

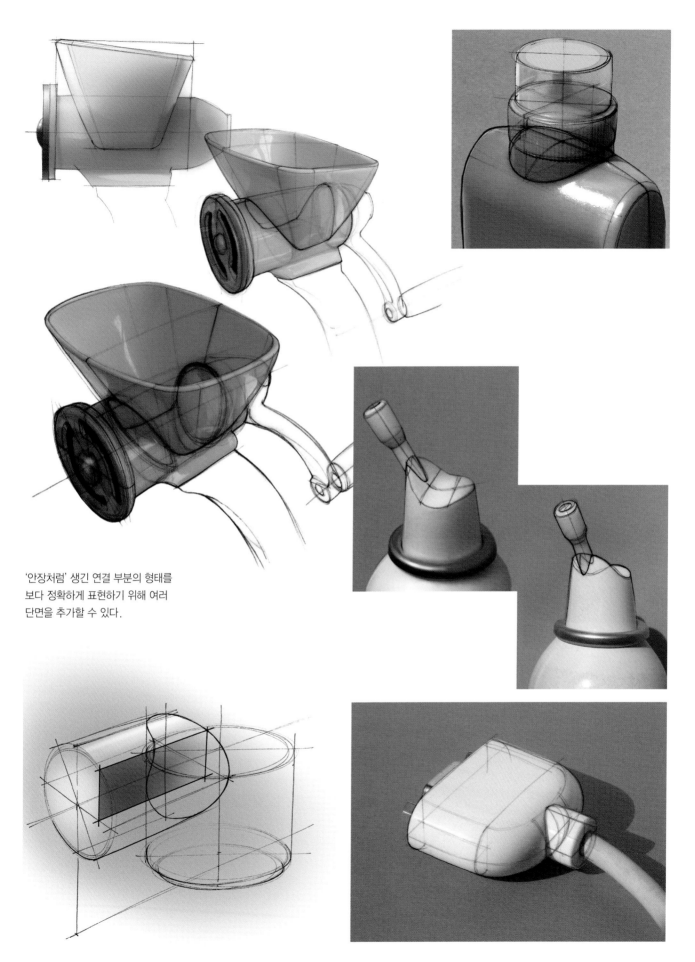

'안장처럼' 생긴 연결 부분의 형태를
보다 정확하게 표현하기 위해 여러
단면을 추가할 수 있다.

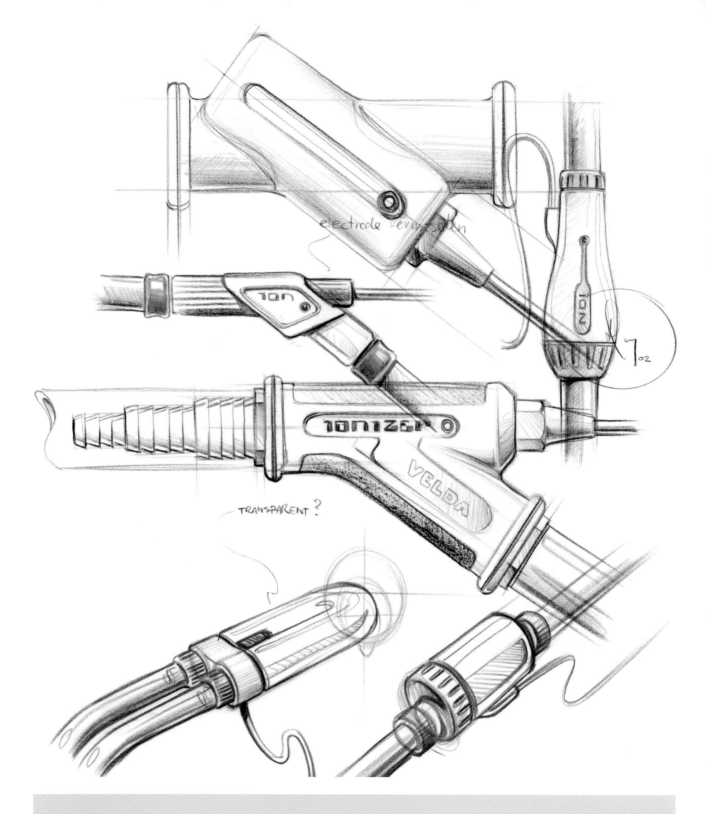

electrode verification

UL

ION

ION

IONIZER

VELDA

TRANSPARENT?

WAACS

벨다(Velda)는 연못 소유주들이 겪던 해조류 문제를 해결할 수 있는 아이-트로닉(I-Tronic) 제품을 2002년 출시했다. 아이-트로닉은 해로운 화학물질 대신 전기 펄스와 양극의 구리 이온을 방출하는 마이크로프로세서 제어 방식의 전자 코어를 사용한다. 구리 이온은 섬유질의 끈적이는 해조류를 없애는 자연 제거제 역할을 한다.

음영 처리한 측면 드로잉은 가능한 디자인에 즉각적인 공간감을 준다. 예시의 경우 복잡한 튜브 연결 부분을 보다 단순하게 표현하고 있다.

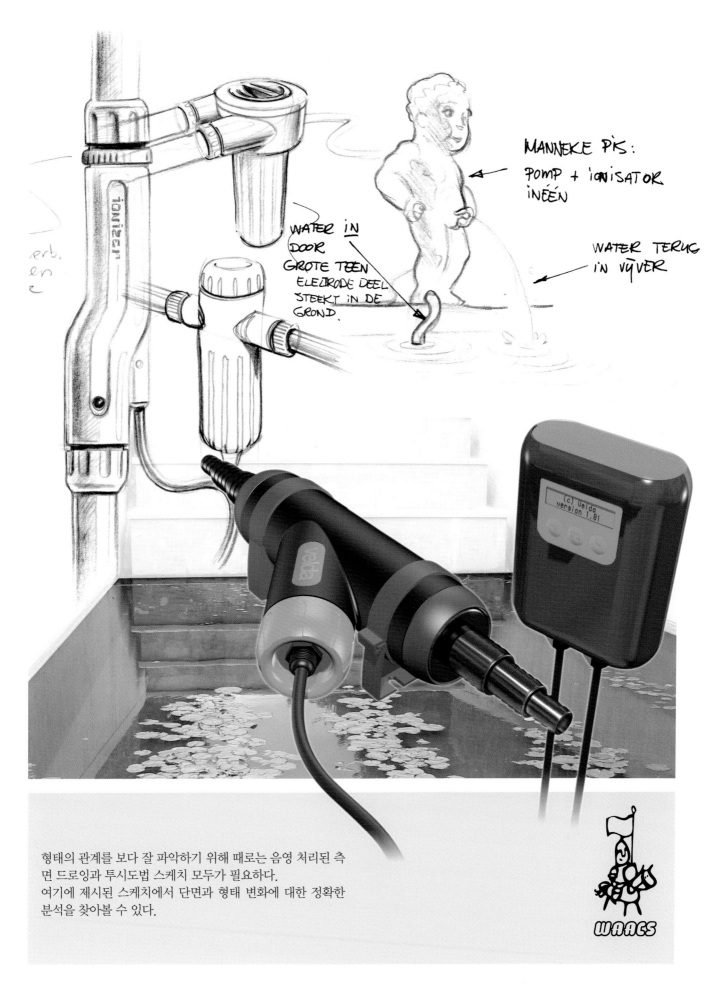

MANNEKE PIS:
POMP + IONISATOR
INÉÉN

WATER IN
DOOR.
GROTE TEEN
ELEKTRODE DEEL
STEEKT IN DE
GROND.

WATER TERUG
IN VIJVER

형태의 관계를 보다 잘 파악하기 위해 때로는 음영 처리된 측
면 드로잉과 투시도법 스케치 모두가 필요하다.
여기에 제시된 스케치에서 단면과 형태 변화에 대한 정확한
분석을 찾아볼 수 있다.

곡선 튜브

직선 형태의 튜브에 더해 곡선 튜브도 존재한다. 곡선 튜브의
특정 유형은 토러스(torus) 즉 도넛 형태다. 이 형태를 이해하면
일반적인 곡선 튜브를 쉽게 그릴 수 있다. 토러스는 투시도법이
적용된 원형 단면이 무한하게 반복되는 둥근 형태다. 이 원들의
방향은 굴곡 방향과 수직을 이룬다. 몇 가지의 전략만을 사용해
서 빠른 판단을 내릴 수 있다. 장축과 단축 방향에서 토러스의
단면을 보면 두 개의 원과 두 개의 선으로 나타난다. 가운데 부
근의 단면은 30°의 타원으로 표현된다.

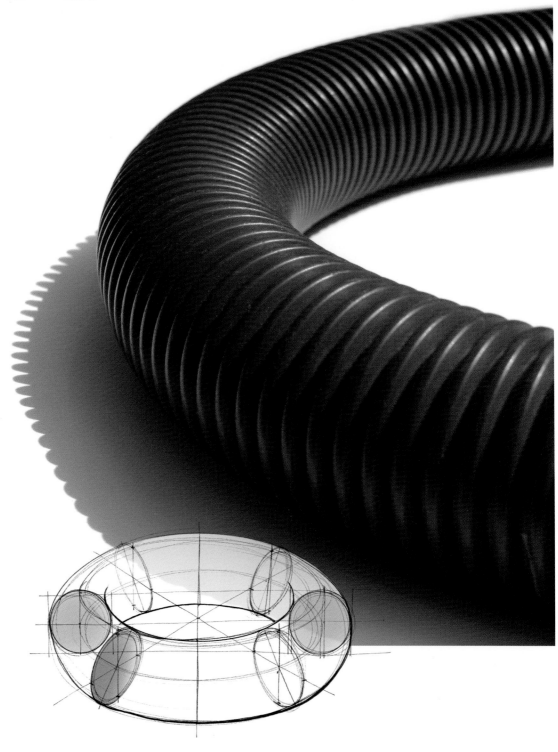

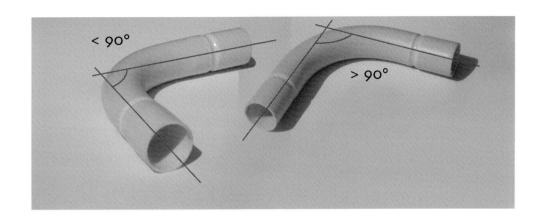

90°를 이루는 곡선 튜브 형태가 있다. 이러한 형태는 특정 시점에서 90°보다 작은 각도로 그려진다. 예시의 토러스와 같이, 완만하게 흐르는 형태를 튜브 안쪽으로 연장되는 특정한 윤곽선으로 표현할 수 있다. 윤곽선을 그리려면 여러 단면에서 위치가 같은 점(단면의 꼭대기와 바깥 점)들을 연결하고, 이 선들을 참고하면 된다.

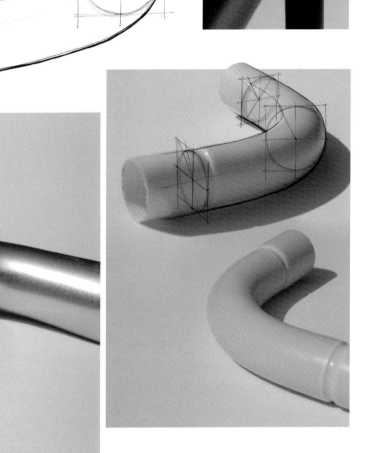

EXTENDED CONTOUR

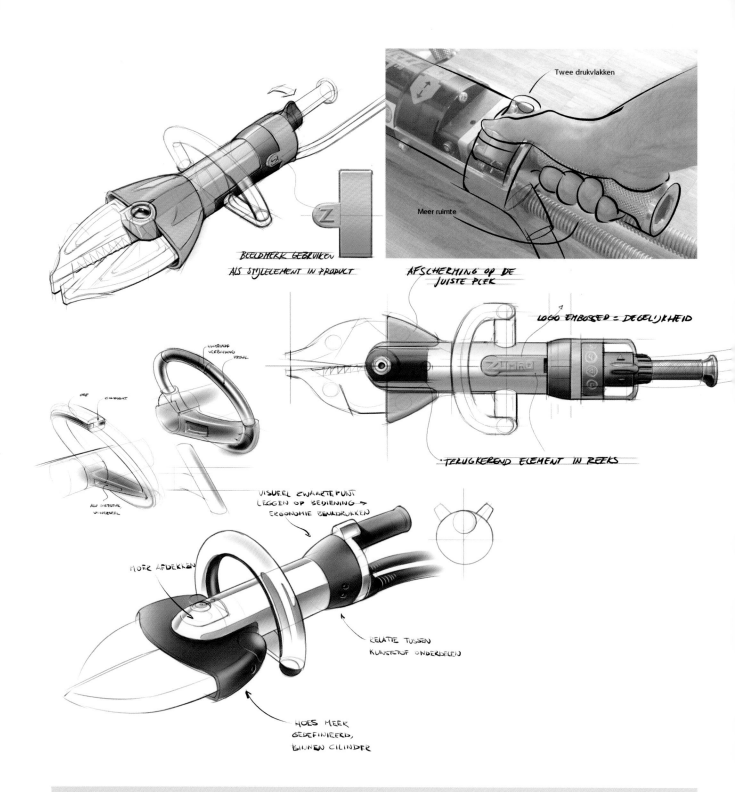

Twee drukvlakken

Meer ruimte

BEELDMERK GEBRUIKEN
ALS STIJLELEMENT IN PRODUCT

AFSCHERMING OP DE
JUISTE PLEK

LOGO EMBOSSED = DEGELIJKHEID

KUNSTSTOF
VERBINDING METAAL

ORE
CORRECT

AU GIETSTUK,
UNIVERSEEL

TERUGKEREND ELEMENT IN REEKS

VISUEEL ZWAARTEPUNT
LEGGEN OP BEDIENING →
ERGONOMIE BENADRUKKEN

MOER AFDEKKEN

RELATIE TUSSEN
KUNSTSTOF ONDERDELEN

HOES MEER
GEDEFINIEERD,
BINNEN CILINDER

기술 모형 사진 위에 윤곽선을 스케치해서 인체공학적 특성
을 파악했다. 부분적으로 상세하게 묘사된 시각 자료와 텍
스트 설명을 바탕으로 중요한 디자인 세부사항을 논의했다.

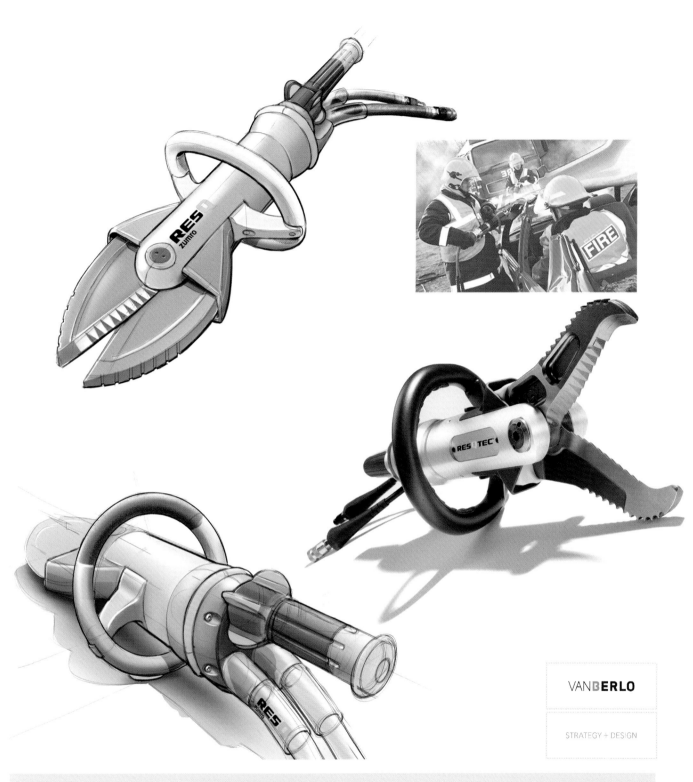

VANBERLO

STRATEGY + DESIGN

구조 장비는 교통사고 직후 같은 상황에서 갇혀 있는 부상자를 구출할 때 사용된다. 반벨로는 장비의 사양보다는 편리한 사용성과 성능에 치중한 완전히 새로운 범주의 구조 장비를 디자인했다. 특히 장비의 이동성과 작동 속도에 집중했다. 반벨로의 디자인은 시장에서 무게 대비 성능이 가장 좋다. 이러한 제품의 특성을 살릴 수 있는 새로운 브랜드 이미지도 개발했다.

반벨로 전략+디자인(VanBerlo Strategy + Design)

2005년 레스큐텍(RESQTEC) 의뢰로 디자인 한 유압 구조 장비
2006년 iF 디자인 어워드 금상 수상(iF Gold Award)
2006년 레드닷 어워드 베스트 오브 더 베스트상 수상(Red Dot 'Best of the Best' Award)
2006년 네덜란드 디자인 어워드(Dutch Design Award)
2006년 IDEA(Industrial Design Excellence Award) 금상 수상

WAAC's
Design & Consultancy
ROTTERDAM
THE NETHERLANDS
DE241
OKT. 96

WAACS

열정의 결과는 성공이고 (다행히도) 그 열정에 정해진 방법론은 없다. 모든 새로운 제품은 특정한 동기 부여에서 시작된다. 예를 들어 커피 머신은 소비 시장을 활성화시키고 이윤을 높일 수 있게 디자인해야 한다. 아이디어 단계가 그 뒤를 따르고, 이 단계에서 열정이 중요한 역할을 한다. WAACS의 프로젝트에 대한 열정은 제품 제작 담당자들(도위 에그버츠/사라 리(Douwe Egberts/Sara Lee)와 필립스(Philips))의 열의와 맞닿았다. 2002년 출시 직후, 이 제품은 유럽과 미국 시장을 휩쓸었고 모든 사람들의 기대를 넘어섰다. 소비자들은 이 커피 머신을 '센세오(Senseo)' 또는 '거품이 떠있는 Senseo' 라고 불렀다. 이 또한 열정, 즉 소비자들의 열정을 보여 주는 것이었다.

6장

곡면

거의 모든 산업 제품은 곡면을 가지고 있다. 제조 과정과 관련이 있거나 형태 자체에서 나오는 이 곡면은 제품의 외관에 큰 영향을 미친다. 기본 곡면 형태는 한정되어 있지만, 한 방향으로의 곡면에서 다양한 방향으로의 굴곡진 곡면에 이르기까지 기본 도형이 수많은 형태로 변형될 수 있다.

MNO (Jan Melis and Ben Oostrum) - Easy Chair

곡면에 하이라이트가 어떻게 표현되었
는지에 주목해 보자.

단일 곡면

곡면이 한 방향으로만 굴곡질 때 물체는 '단
일 곡면'을 갖는다고 말할 수 있다. 이러한
형태를 가장 단순화하면 돌출된 형태가 된
다. 곡면 드로잉을 배우는 좋은 방법은 기존
의 형태들을 분석하고 그려 보는 것이다. 일
단 물체를 사각형으로 그린 뒤 곡면 형태로
발전시켜보자.

리차드 후텐 스튜디오(Richard Hutten Studio) - Sexy Relaxy, 2001/2002

대부분의 기본 곡면은 타원의 일부다. 한 방향으로 굴곡진 형태의 물체는 사각형이나 원기둥의 일부분이 조합되어 만들어진다. 이 때문에 이러한 형태의 그림자도 같은 방법으로 그리면 된다.

파브리끄(Fabrique) – 금속 캐비닛 / Rotterdam Droogdok 가구, CityPorts 로테르담 (Rotterdam) 회사의 새 사무실 인테리어 디자인의 일부, 2005

SMOOL 디자인 스튜디오 – Bo-chair, 2003

표면이 더욱 단축되어 표현될수록 반대편의 곡면은 형태 측면에서 다르게 나타난다. 그림에서와 같이 나머지 공간의 형태와 비교해 보면 비슷한 느낌으로 곡선을 맞추는 데 도움이 된다. 빨간색 사선이 그어진 곡면 부분은 반대쪽 곡면의 형태를 잡는 기준이 될 수 있다.

파라오 가구 라인은 실내 및 실외에서 모두 사용할 수 있다. (2005. 네덜란드 디자인 어워드 선정)

디자인 및 사진 : 스튜디오 MOM(studioMOM), 앨프레드 반 엘크(Alfred van Elk)

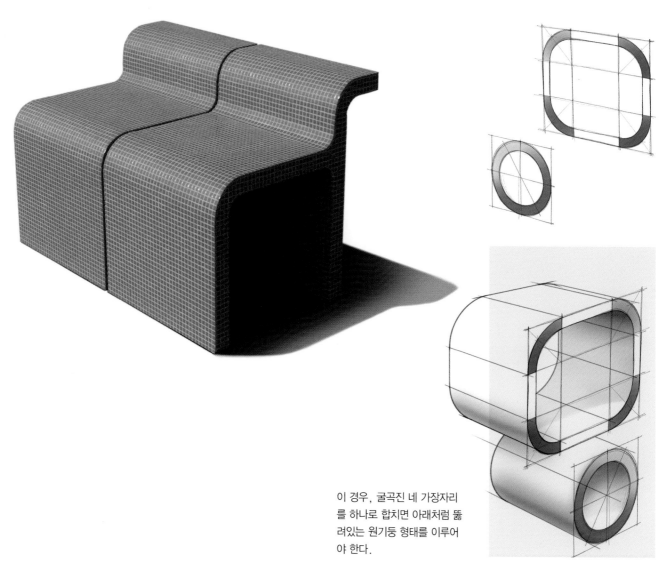

이 경우, 굴곡진 네 가장자리를 하나로 합치면 아래처럼 뚫려있는 원기둥 형태를 이루어야 한다.

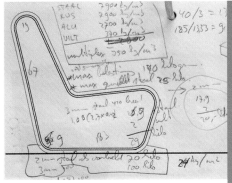

레민 비스크(Ramin Visch) – 의자(chair ELI, 2006). 소재 : 울 펠트로 덮인 스틸
사진 : Jeroen Musch

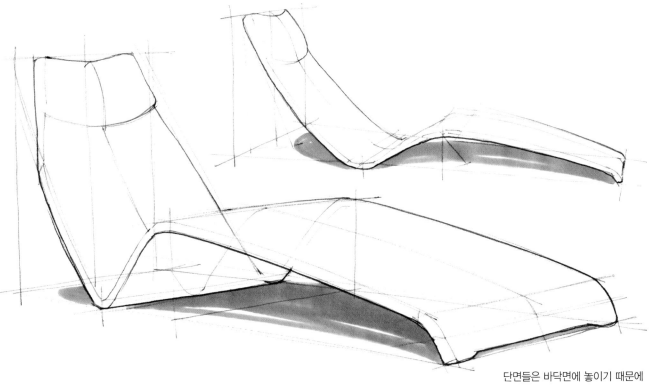

단면들은 바닥면에 놓이기 때문에 그림자를 그리기가 쉽다.

곡면이 원기둥 형태가 아닌 다른 방식으로 휘었다면, 대칭을 이루도록 표현할 때 단면 같은 가이드라인을 사용해서 그려야 한다.

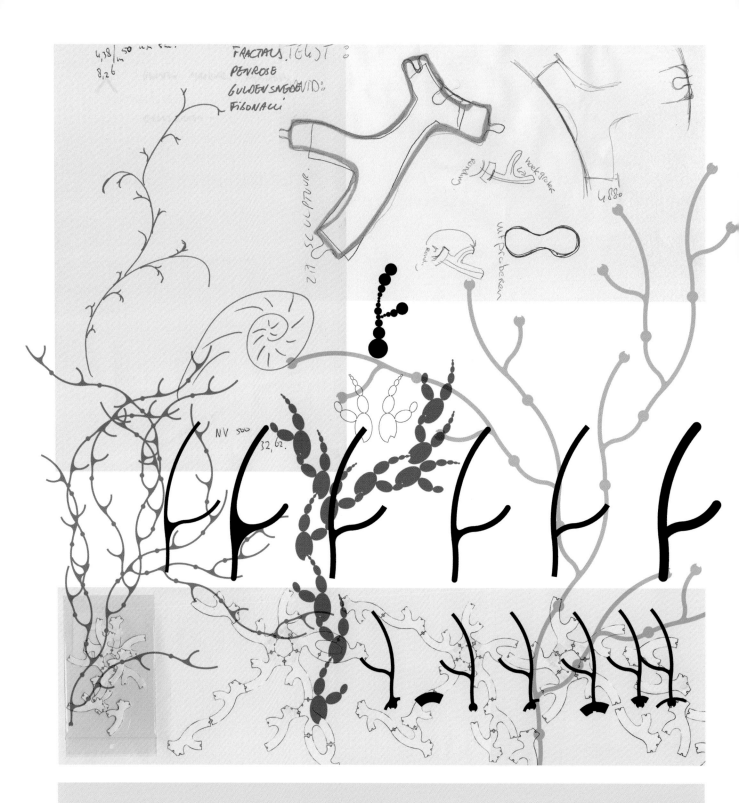

초기 스케치는 처음 아이디어를 기록하고, 최적의 형태를 찾기 위한 첫 단계를 시각화하는 데 사용된다. 그 후 콘셉트를 개발해서 구체화시키는 동안 수작업으로 만든 작은 종이 모형에서부터 정밀한 어도비 일러스트레이터 샘플까지 다양한 매체가 사용된다. 이렇게 섬세한 비율 기반 원칙을 활용하면서 최종 형태 결정은 대체로 컴퓨터 작업으로 이루어진다.

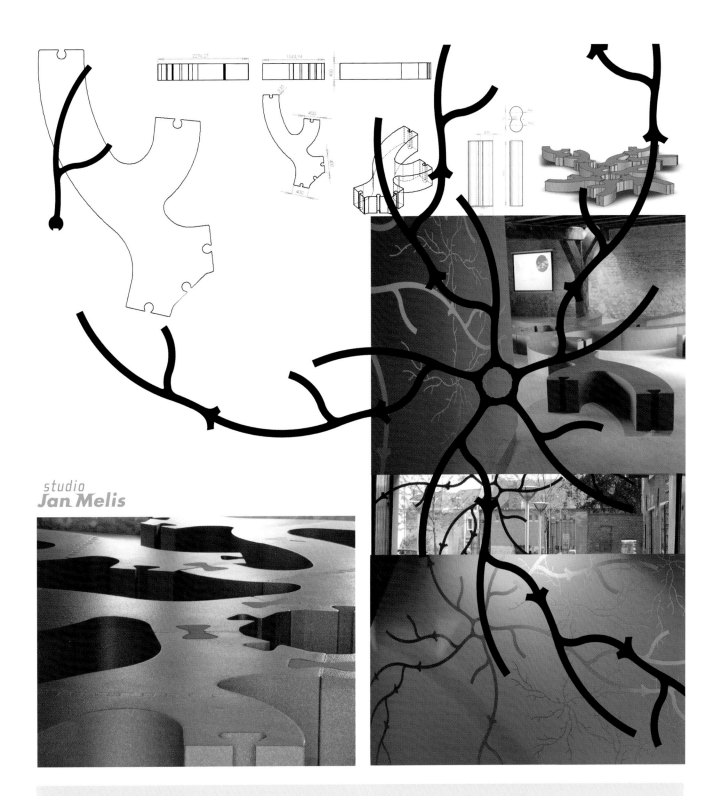

Studio Jan Melis

신의 비율이라고 일컬어지는 황금비는 우리 주변의 자연이나 인공물에서 나타나는 미와 관련된 보편적인 비율을 말한다. 황금비는 끝없는 방식으로 조합될 수 있는 모듈형 형태를 디자인할 때 영감을 줄 수 있다. 2006년 미델뷔르흐(Middelburg)의 CBK Zeeland에서 열린 'Luctor et emergo'(나는 노력하고 있고 떠오르고 있다) 전시 기간 동안 이러한 황금비는 접착식 벽 장식과 모듈형 벤치의 형태에 적용되었다.

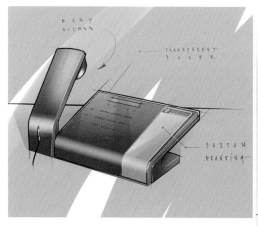

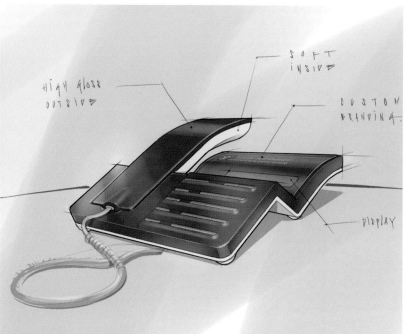

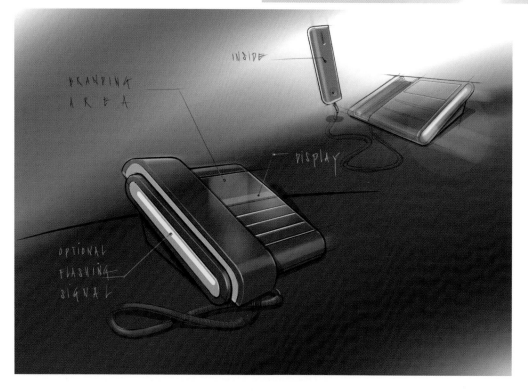

파일럿 제품 디자인(Pilots Product Design)

2005년 필립스 탁상용 전화기
이 탁상용 전화기는 재단장 중이던 미국 크루즈용으로 디자인된 제품이다. 초기 콘셉트는 고급 미니멀리즘 스타일의 크루즈 실내 인테리어를 고려해서 디자인했다. 여기에서 보이는 초기 드로잉만 봐도 제품의 느낌이나 외관 디자인을 한눈에 확인할 수 있다. 드로잉에 표시된 텍스트를 기반으로 해외 고객 및 인테리어 디자이너와 콘셉트에 관한 원활한 소통을 할 수 있다.

디자이너 : Stanley Sie와 Jurriaan Borstlap

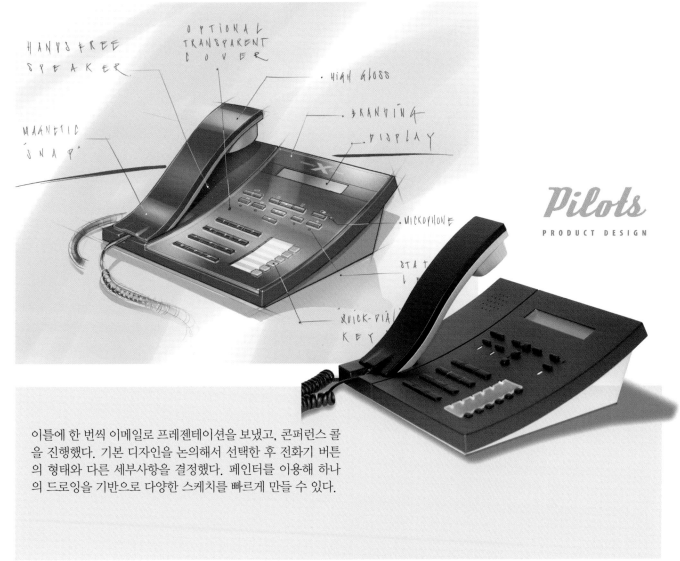

이틀에 한 번씩 이메일로 프레젠테이션을 보냈고, 콘퍼런스 콜을 진행했다. 기본 디자인을 논의해서 선택한 후 전화기 버튼의 형태와 다른 세부사항을 결정했다. 페인터를 이용해 하나의 드로잉을 기반으로 다양한 스케치를 빠르게 만들 수 있다.

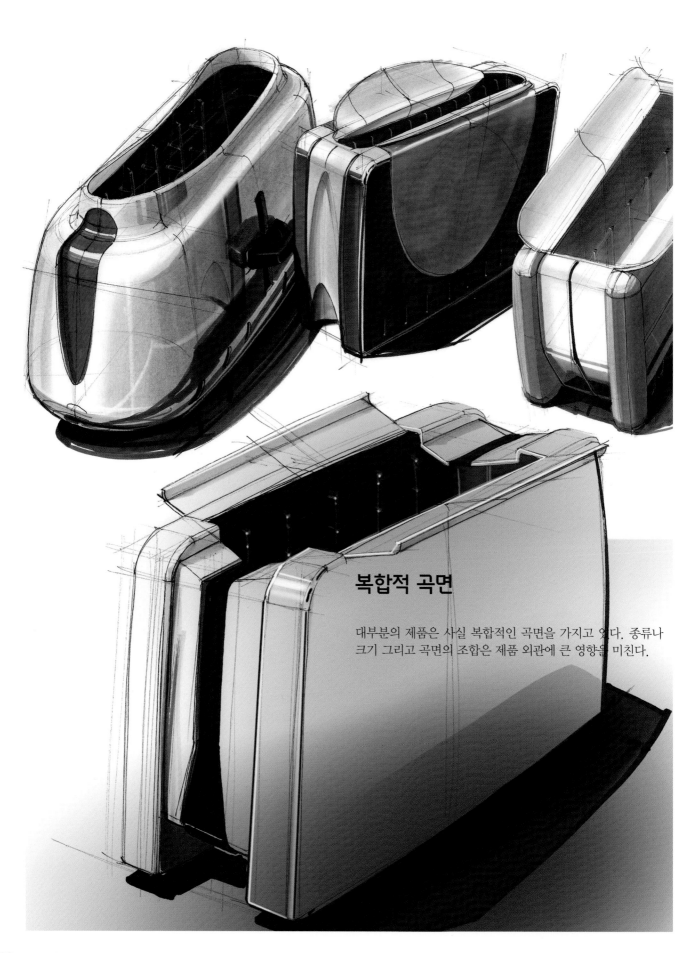

복합적 곡면

대부분의 제품은 사실 복합적인 곡면을 가지고 있다. 종류나
크기 그리고 곡면의 조합은 제품 외관에 큰 영향을 미친다.

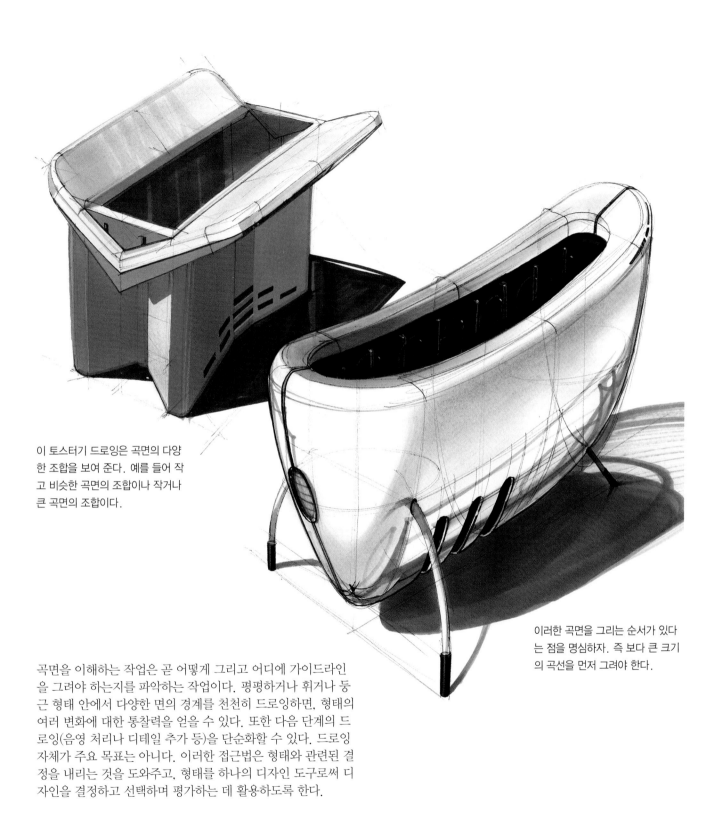

이 토스터기 드로잉은 곡면의 다양
한 조합을 보여 준다. 예를 들어 작
고 비슷한 곡면의 조합이나 작거나
큰 곡면의 조합이다.

이러한 곡면을 그리는 순서가 있다
는 점을 명심하자. 즉 보다 큰 크기
의 곡선을 먼저 그려야 한다.

곡면을 이해하는 작업은 곧 어떻게 그리고 어디에 가이드라인
을 그려야 하는지를 파악하는 작업이다. 평평하거나 휘거나 둥
근 형태 안에서 다양한 면의 경계를 천천히 드로잉하면, 형태의
여러 변화에 대한 통찰력을 얻을 수 있다. 또한 다음 단계의 드
로잉(음영 처리나 디테일 추가 등)을 단순화할 수 있다. 드로잉
자체가 주요 목표는 아니다. 이러한 접근법은 형태와 관련된 결
정을 내리는 것을 도와주고, 형태를 하나의 디자인 도구로써 디
자인을 결정하고 선택하며 평가하는 데 활용하도록 한다.

MMID

2006년 Ligtvoet Products BV의 로직-M(Logic-M) 클라이언트와 긴밀한 협력을 통해 전기 스쿠터의 전체적인 스타일링에 주안점을 두고 디자인했다. 스쿠터의 기술적 그리고 금속 부분의 개발은 Ligtvoet가 담당했다. 처음 스케치와 렌더링 그리고 목업(mock-ups) 작업은 페인터나 포토샵 그리고 라이노 3D(Rhino-3D) 같은 프로그램을 이용해서 만들었다.

"이 프로젝트를 진행하는 동안 다양한 스케치 기법을 사용했습니다. 첫 드로잉은 볼펜과 마커 스케치를 이용했습니다. 그 후 실물 모형 사진을 이용해 그 위에 스케치를 했고, 스타일 측면의 디테일은 라이노 CAD 모델을 사용해서 완성했습니다.

이러한 기술의 조합으로 어느 단계에서나 제품에 대한 좋은 인상을 구축할 수 있고, 각 단계에 맞는 스쿠터의 모든 스타일 부분을 조정할 수 있습니다. 또한 라이노 CAD 모델을 통해 원하는 모든 각도와 투시도를 적용할 수 있습니다."

굴곡진 물체에서 그림자나 하이라이트는 빛의 방향 그리고 반사와 관련이 있다. 곡면에서 가장 밝은 부분은 빛의 방향에 영향을 받는다. 하이라이트는 집약되고 강렬한 빛의 반사이고, 빛의 방향과는 무관하게 나타날 수 있다.

그림자와 반사 사이의 균형은 물체의 표면이 무광인지 유광인지에 따라 좌우된다. 그렇기 때문에 곡면을 표현하는 방법이 하나로 정해져 있는 것은 아니다. 하지만 그림자는 형태를 알아볼 수 있게 해준다는 점을 잊지 말아야 한다. 이번 부분에서는 주로 그림자에 대해 살펴볼 예정이다.

다양한 크기의 곡면이 결합되었을 때 하이라이트가 어떤 형태로 생기는지 주목해 보자.

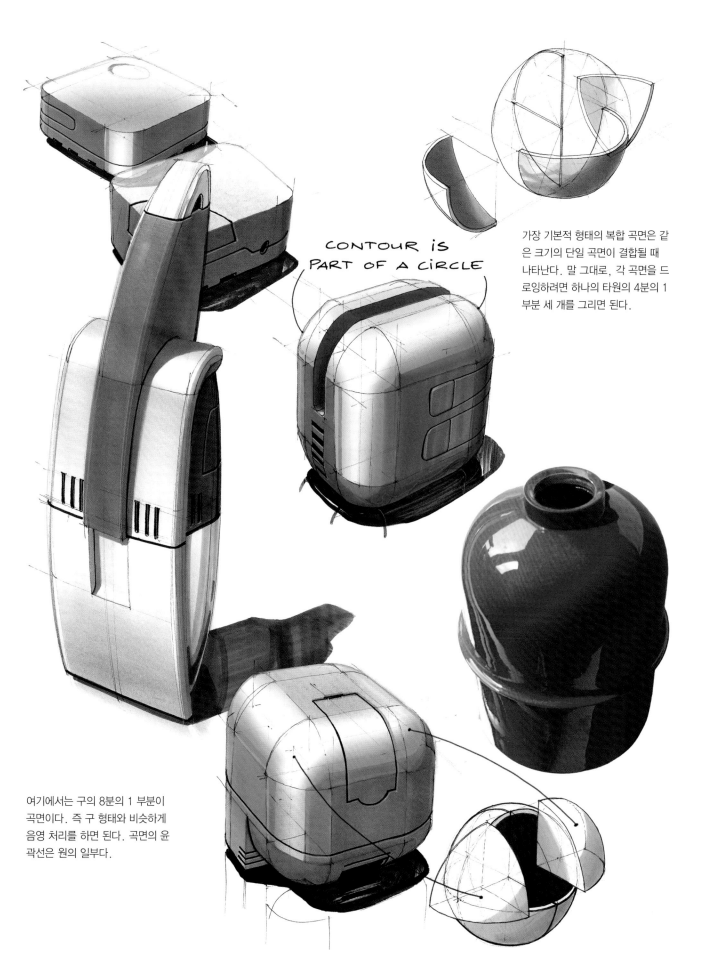

CONTOUR is
PART OF A CIRCLE

가장 기본적 형태의 복합 곡면은 같은 크기의 단일 곡면이 결합될 때 나타난다. 말 그대로, 각 곡면을 드로잉하려면 하나의 타원의 4분의 1 부분 세 개를 그리면 된다.

여기에서는 구의 8분의 1 부분이 곡면이다. 즉 구 형태와 비슷하게 음영 처리를 하면 된다. 곡면의 윤곽선은 원의 일부다.

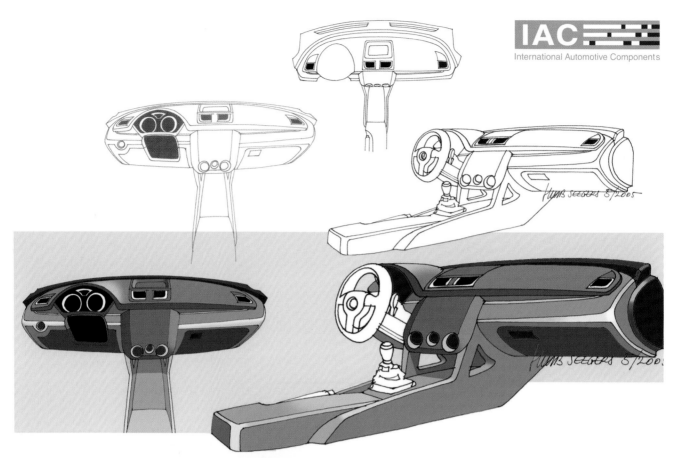

IAC [logo] International Automotive Components

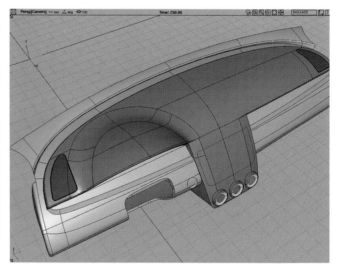

IAC 그룹(IAC Gruppe, 독일) - 훕 제거스 (Huib Seegers)

이 콘셉트 드로잉으로 전형적인 OEM 설계서 방식에 맞춘 대시보드와 계기판을 탐색하고, 혁신적 제조 과정을 시각화 했다(2005).

연필로 시작한 스케치는 '만화 같은' 효과를 내도록 종이에 검은색 파인라이너(fineliner)로 마무리 했다. 포토샵으로 빠르게 채색했으며 다음 단계로 알리아스(Alias software)를 이용해 3D 콘셉트 모델링(modelling)과 렌더링 작업을 했다.

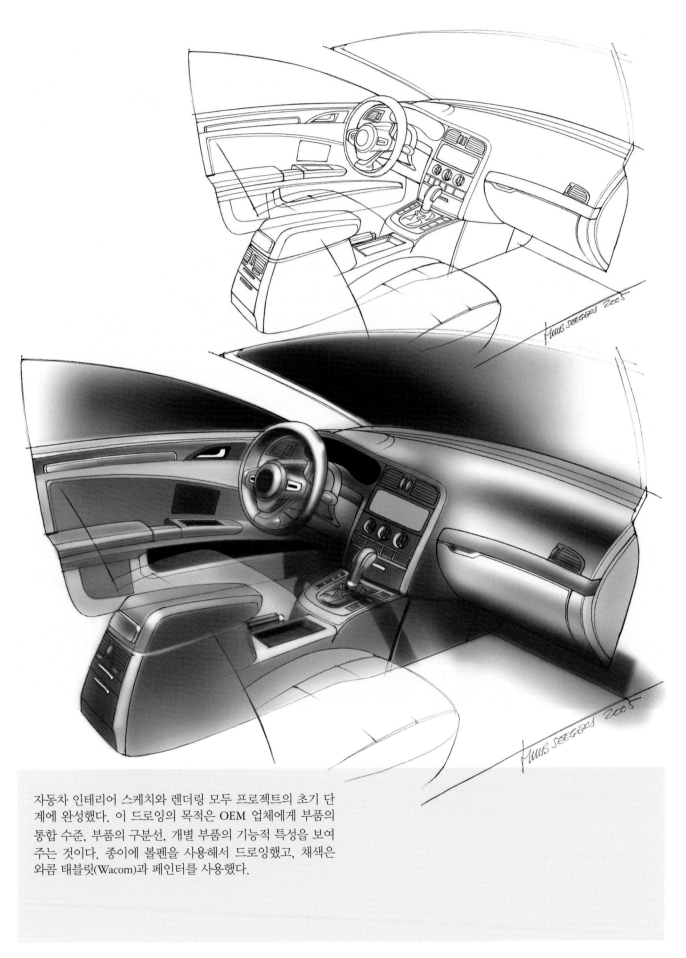

자동차 인테리어 스케치와 렌더링 모두 프로젝트의 초기 단
계에 완성했다. 이 드로잉의 목적은 OEM 업체에게 부품의
통합 수준, 부품의 구분선, 개별 부품의 기능적 특성을 보여
주는 것이다. 종이에 볼펜을 사용해서 드로잉했고, 채색은
와콤 태블릿(Wacom)과 페인터를 사용했다.

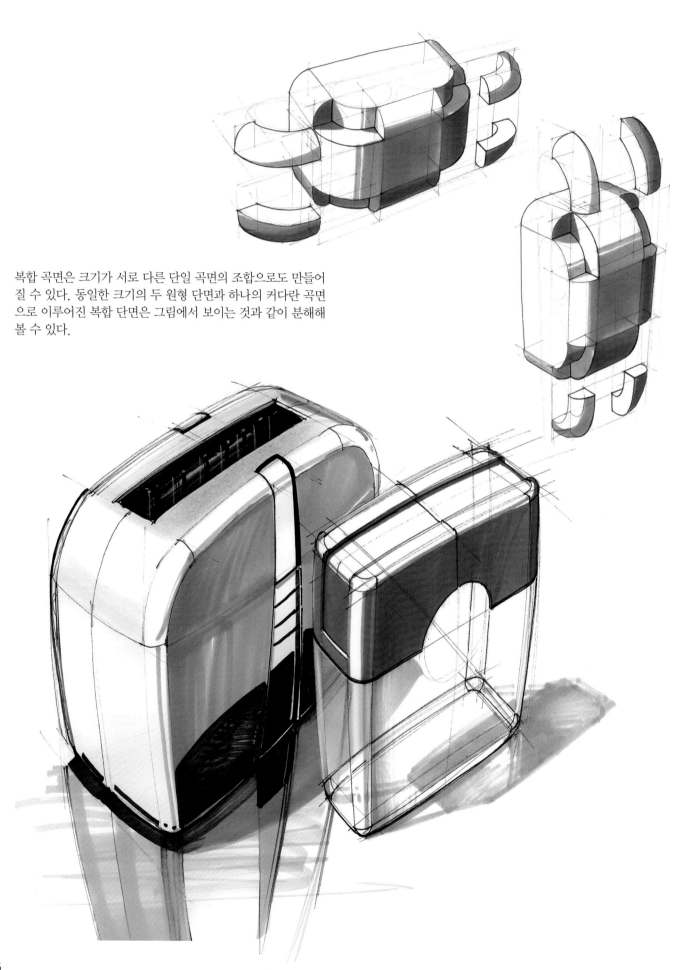

복합 곡면은 크기가 서로 다른 단일 곡면의 조합으로도 만들어
질 수 있다. 동일한 크기의 두 원형 단면과 하나의 커다란 곡면
으로 이루어진 복합 단면은 그림에서 보이는 것과 같이 분해해
볼 수 있다.

두 가지 드로잉 접근 방식이 가능하다. 첫째는 일단 사각형으로 드로잉을 시작해서 '지워나가는' 방식이다. 이 경우 수많은 선이 필요하기 때문에 곡면 부분이 실제로는 보통 밝은 면임에도 불구하고 의도치 않게 어두워질 수 있다.

이 문제를 피하려면 큰 곡면을 먼저 배치하고 그다음 작은 곡면을 추가하면서 그리는 '얇은(thin)', 즉 독특한 곡면 형태로 드로잉을 시작해야 한다. 이렇게 하면 최소한의 선으로 드로잉을 할 수 있다. 유일하게 보이는 선은 음영 처리 시 가이드라인으로 필요한 선 뿐이다.

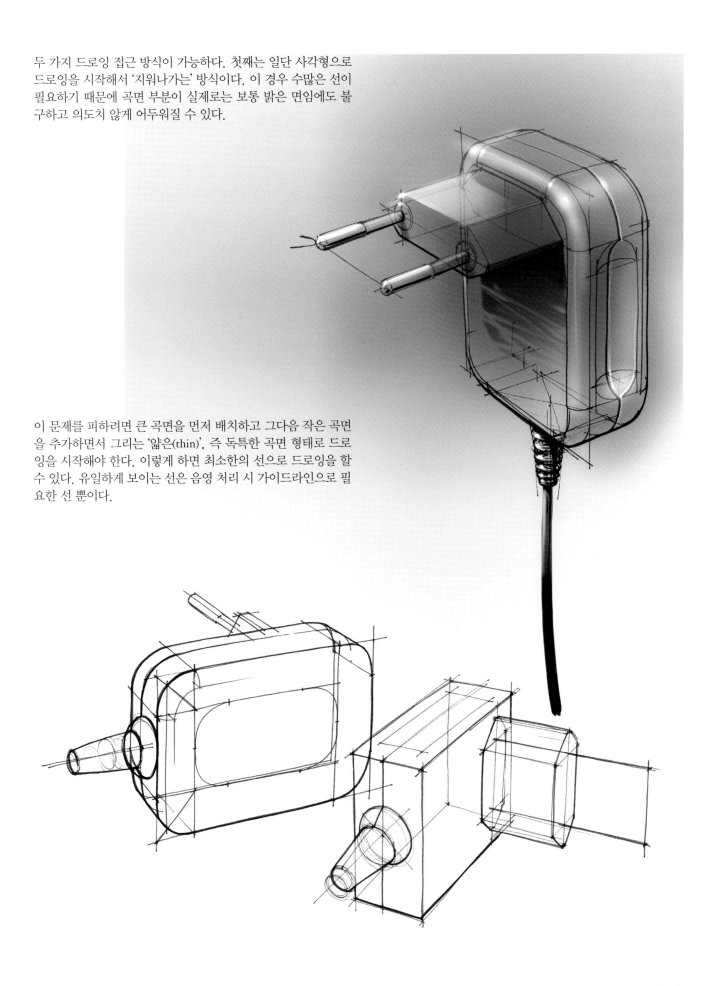

앞에서 본 물체와 이 페이지에서 보이는 물체는 형태면에서 많이 다르지만 동일한 드로잉 접근법이 사용된 것을 확인할 수 있다. 평평한 면으로 드로잉을 시작해서 그 위에 큰 곡면을 그린다. 작은 곡면은 그 후에 추가한다. 표면 형태의 변화를 강조하기 위해 필요시 단면을 추가한다. 이 경우 지지대(reinforcement ribs)도 도움이 된다.

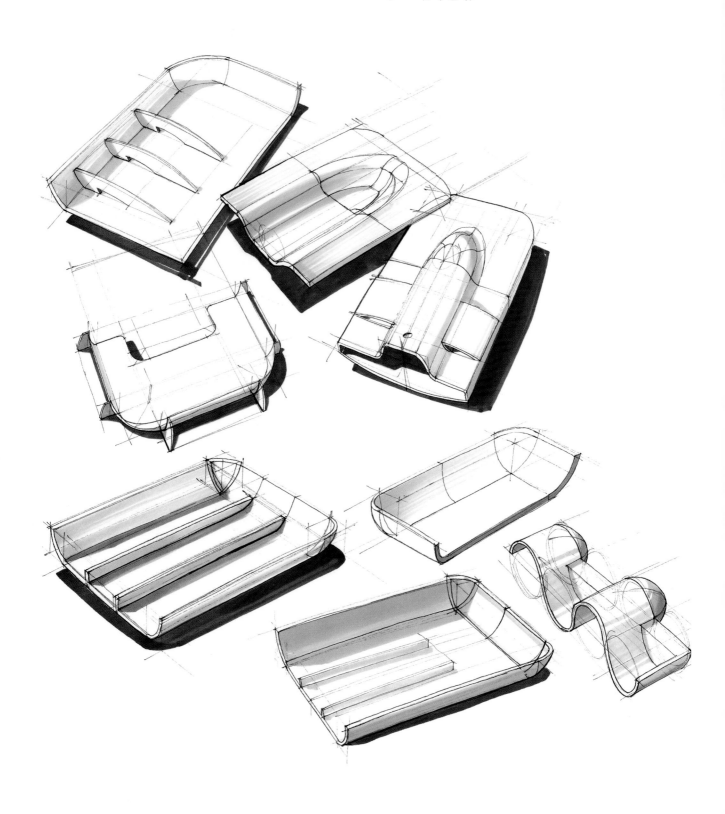

표면에서 시작하기

예를 들어 매우 납작한 형태처럼 형태가 뚜렷한 공간감이나 입체감을 가지고 있지 않은 경우, 부피감 있는 물체에 사용되는 드로잉 접근법은 효과적이지 않을 수 있다. 예시에서 보이는 물체는 윗면을 시작으로 드로잉했고 약간의 두께를 아래쪽으로 추가했다.

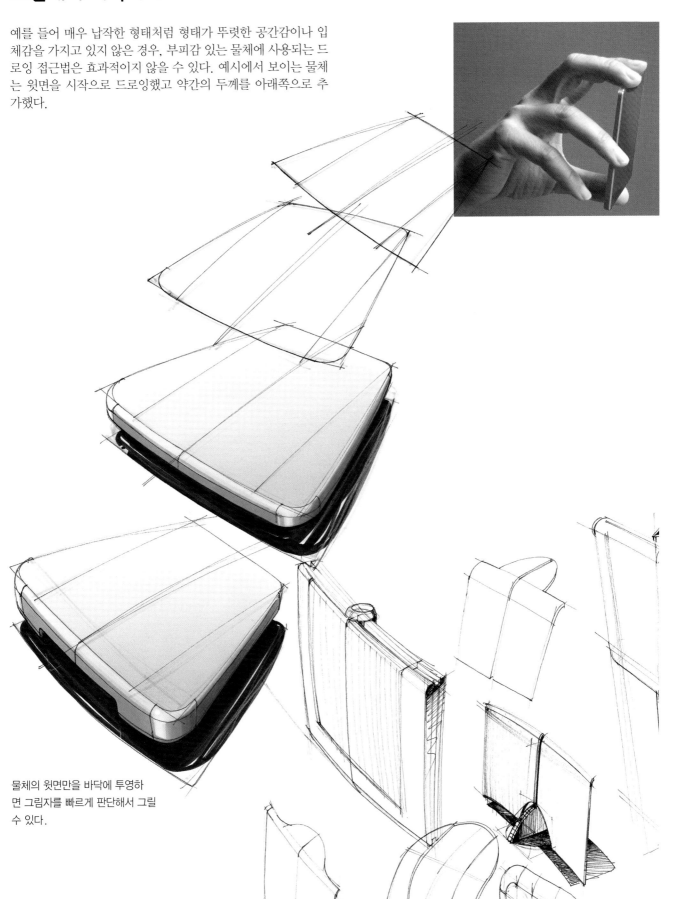

물체의 윗면만을 바닥에 투영하면 그림자를 빠르게 판단해서 그릴 수 있다.

곡면의 크기가 상대적으로 작을 때는 굳이 곡면 자체를 드로잉
할 필요는 없다. 두 개의 선을 그리고 그 두 선 사이의 공간을
밝게 처리하면 된다. 여기의 예시를 보면 살짝 굴곡진 윗면으로
드로잉을 시작했다. 둥근 형태를 따라오는 단면이나 경계선은
형태를 나타내거나 강조하는 데 도움을 줄 수 있다.

채색과 음영 처리 후 디테일을 추
가했다.

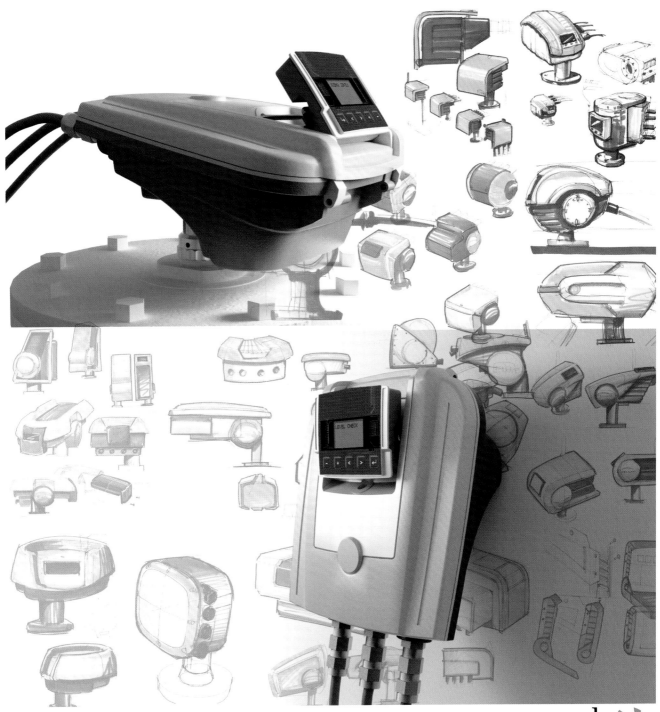

스파크 디자인(Spark Design Engineering)

방폭 레벨 측정기, 2006년

이 측정 장치들은 석유 및 가스 산업의 저장 시설에서 사용되기 때문에 안전성이 중요하다. 스파크는 안정성을 낮추거나 제품 원가에서 손해를 보지 않으면서 클라이언트의 브랜드 이미지를 강화할 수 있는 측정기 라인 개발에 들어갔다. 모듈 구성 요소 세트를 규정해서, 몇 가지의 부품만 사용하

는 완전한 제품 포트폴리오를 만들 수 있었다. 스파크는 이전 단계에서 제품과 브랜드 포지셔닝에 대해 자신들이 추구했던 의견을 정의했다. 이를 통해 디자이너는 채택된 배색표를 사용하여 초기 스케치를 만들 수 있었다. 실제로 색을 사용하는 방법을 가지고 제품의 스타일이나 형태 개발을 촉진할 수 있다.

형태 추정하기

드로잉 관련 지식이나 기술은 결국 특정 시점에서 곡면이 어떻게 보일 것인지 예측할 수 있게 해준다. 그 결과로 형태 예측과 추정이 중심이 되는 빠른 스케치 접근법이 나온다.

평면/단면

7장

공간 드로잉의 또 다른 접근 방식은 평면을 이용하는 것이다. 지금까지는 물체를 기본적인 입체도형의 조합으로 간주했지만, 평면을 사용해서 드로잉할 수도 있다. 가장 많이 사용되는 평면은 단면이다. 단면 드로잉은 형태를 '쌓아올리면서' 물체를 만들 때나 형태 변화를 결정할 때 주로 사용된다.

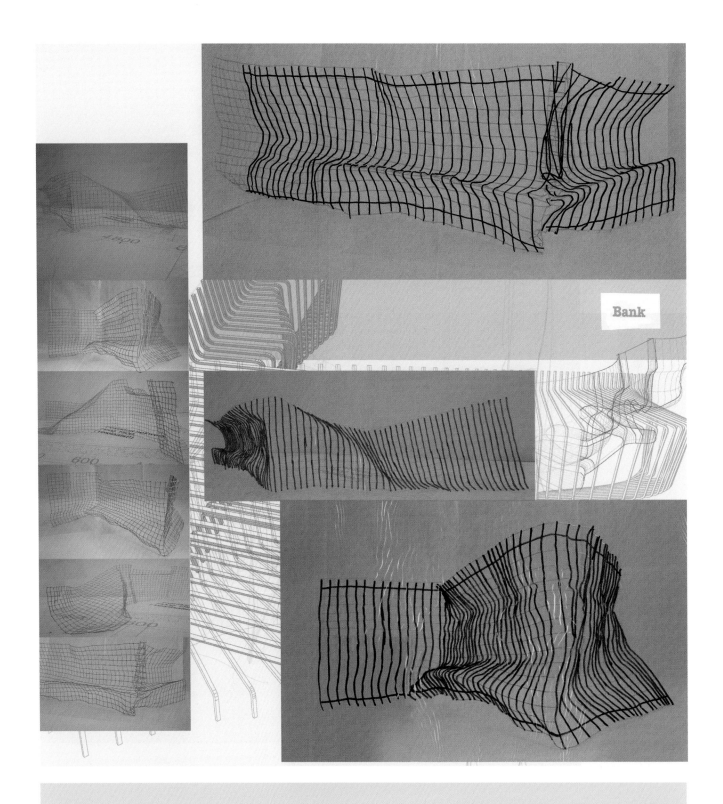

디자인 과정의 출발점에서 와이어 망을 사용한 축소 모형 사진을 많이 찍었다. 그중 몇 장의 사진을 이용해서 형태 변화를 분명하게 이해하고, 디자인 아이디어의 본래 특징을 강화하기 위해 구조를 분석했다. 이 드로잉들은 추후 렌더링 초기 단계에서 이용했다.

"보통 축소 모형은 우리의 초기 디자인 과정에서 중요한 역할을 합니다."

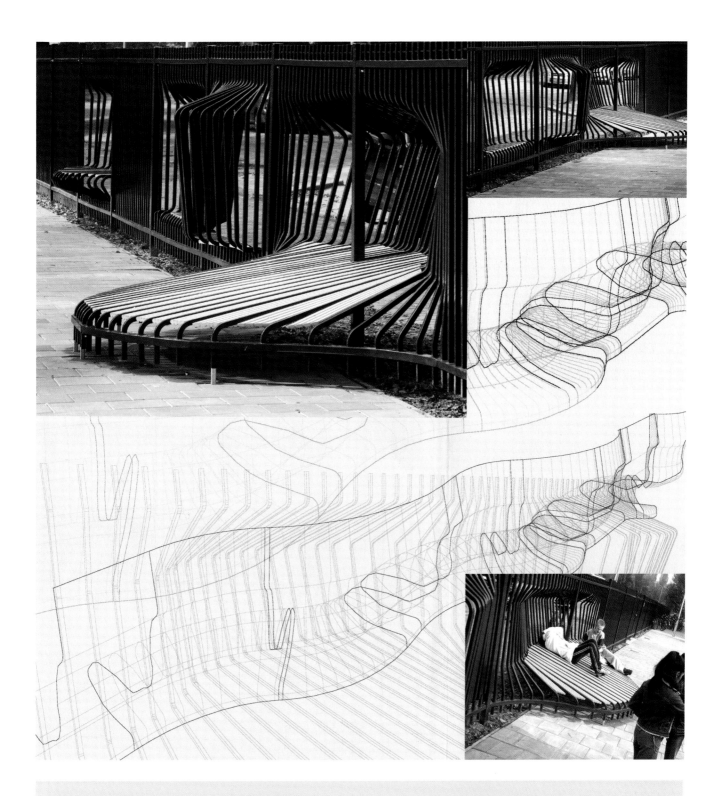

Remy & Veenhuizen ontwerpers

울타리가 사람들과 만나고 놀면서 휴식을 취하는 장소가 될 수 있을까? 도르드레흐트(Dordrecht)의 Noorderlicht 초등학교에 위치했던 차가운 울타리가 이렇게 만남의 장소로 탈바꿈했다. 기존의 경직된 리듬의 울타리 형태는 유기적 구조로 변형됐고, 울타리 양쪽 모두에 만나고 놀 수 있는 공간이 만들어졌다. 이 구부러진 울타리는 이전부터 있었던 Heras의 공업용 울타리의 양 끝과 연결된다.

초기 스케치들은 아무런 제약 없이 자유롭게 그렸고 최종 형태 작업 시에는 기술 및 예산의 한계가 있었지만, 초기 스케치와 최종 결과물 사이의 유사성을 분명하게 확인할 수 있다.

고객 : CBK Dordrecht, 2005 디자이너 : 테요 레미(Tejo Remy)와 레네 펜하위젠(René Veenhuizen)
사진 : Herbert Wiggerman

표면 구부리기

굴곡을 설명하거나 강조하기 위해 표면 위에 단면도를 그릴 수 있다. 단면도는 형태가 어떻게 인식되는지를 결정하는 중요한 역할을 한다.

구부러진 단면도를 예상해서 그릴 수도 있고, 보다 정밀한 접근법을 활용하여 평평한 면에서 시작해 부분적으로 구부려 올리거나 내려서 드로잉할 수도 있다. 평평한 표면의 단면도가 눈에 보일 정도로 남아 있으면, 이 단면도를 통해서 평평한 면의 최종적인 굴곡을 파악할 수 있다.

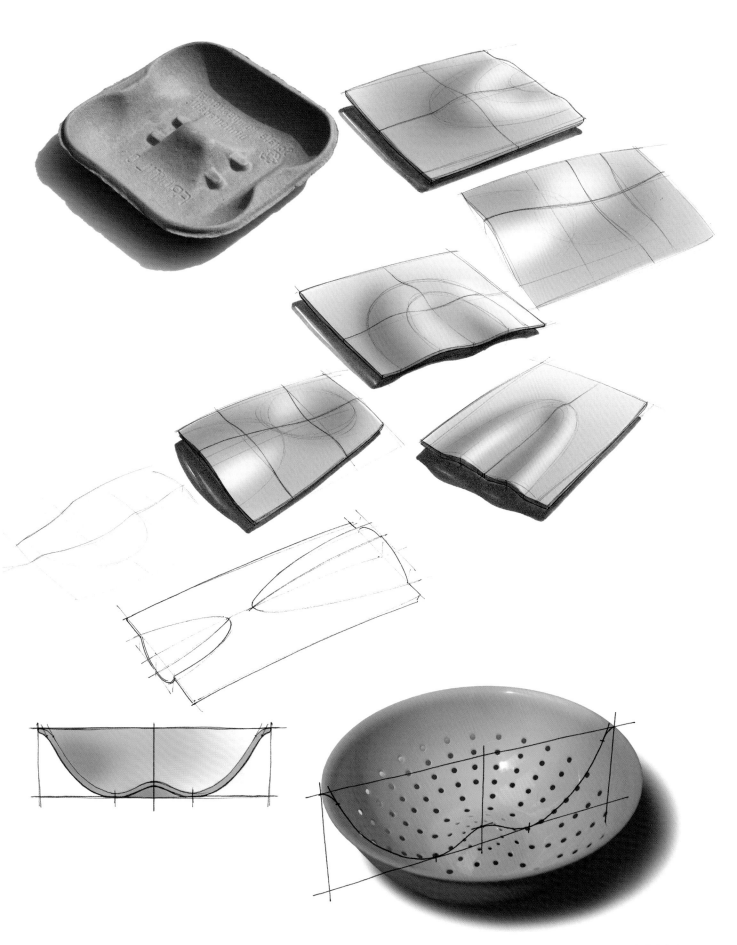

구의 단면

여기 스케치에서는 구 형태가 출발점으로 사용되었다. 모든 변경 사항과 디테일 부분은 단면도를 사용해서 함께 배치했다. 일단 구의 원형 윤곽을 시작으로 수평 단면을 먼저 드로잉한다. 이 단면에 단축법(둥글기 표현)을 적용할 때는 스케치 시점을 생각해보아야 한다. 일반적으로 시점이 높을수록 구조를 그리기 쉽다.

LOW VIEWPOINT

HIGH VIEWPOINT

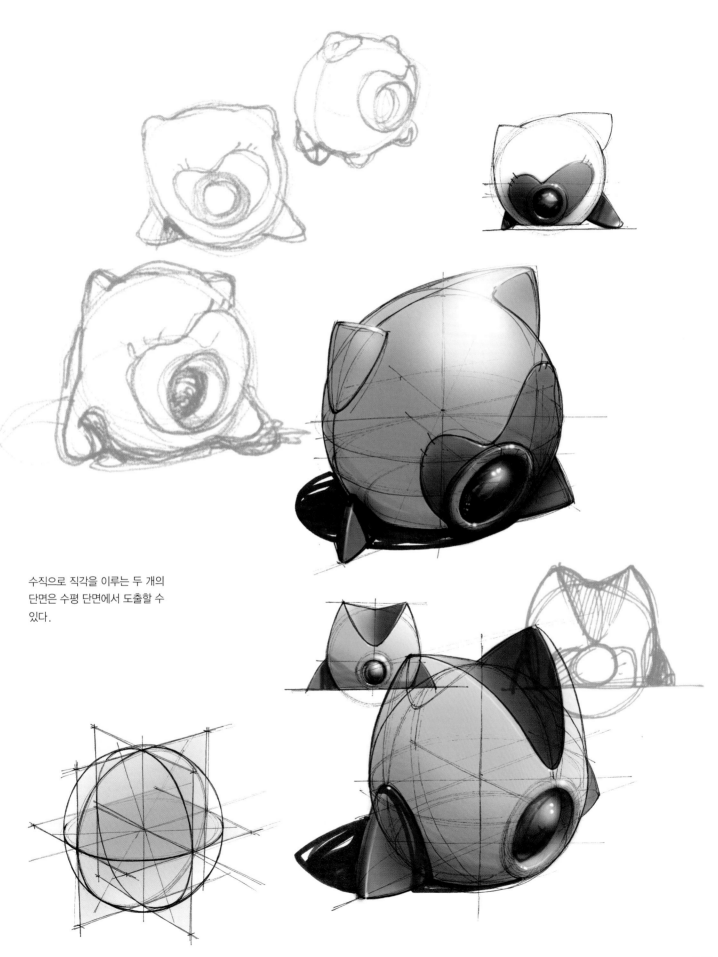

수직으로 직각을 이루는 두 개의
단면은 수평 단면에서 도출할 수
있다.

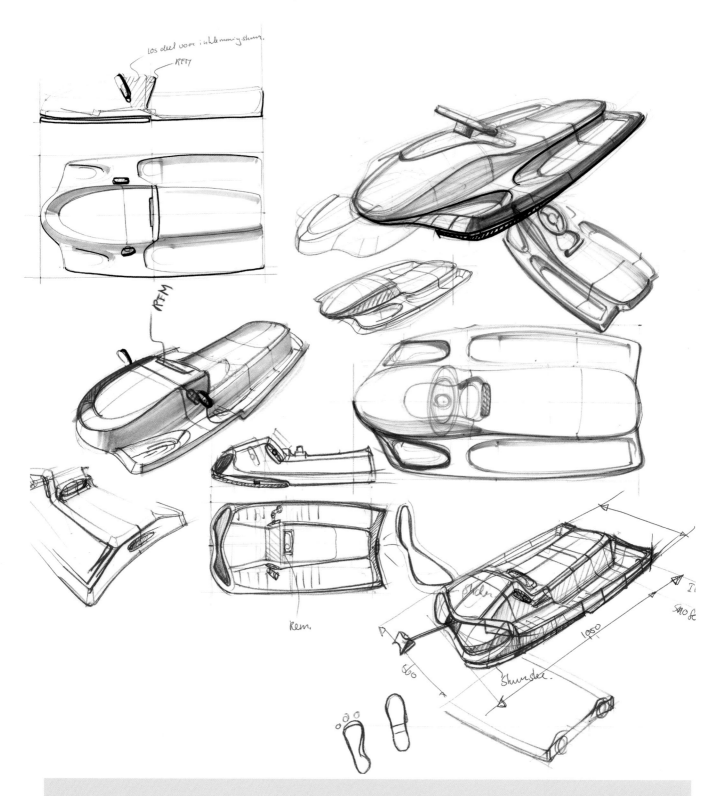

복잡한 물체는 이미 초기 단계에서도 그 복잡함이 보인다. 복잡한 굴곡의 변화 때문에 단면도가 추가되기도 하는데, 단면도를 이용해서 의도한 형태를 분명하게 보여 주고 드로잉의 대칭을 이룰 수 있다.

npk 산업디자인(npk industrial design)

하맥스(Hamax)의 가정용 아동 스포츠 썰매(2007)는 2인용이다. 어린이 2명 또는 어린이 1명과 어른 1명이 탈 수 있다. 줄이 풀어졌을 때 자동으로 다시 감기는 새로운 기능을 추가했고, 강력한 브레이크로 제품의 구조를 강화했다.

조립이 거의 필요 없는 간단한 제품이며, 간결한 포장으로 운송비를 절감했다. 콘셉트를 확정한 이후 포장이나 운송과 관련된 복잡한 형태 드로잉은 컴퓨터로 작업했다.

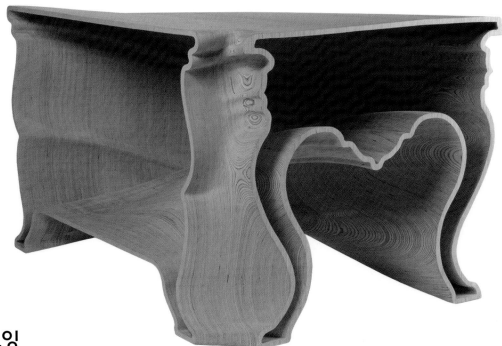

"이 신데렐라(Cinderella) 테이블을 만들기 위해 우리는 첨단기술인 새로운 현대 '수공예'기법을 사용했는데, 이는 컴퓨터를 사용해서 오래된 가구의 스케치를 디지털 드로잉으로 바꾸는 것입니다."

굴곡진 형태 드로잉

단면도가 형태를 구성하는 데 사용될 때는 논리적 방식으로, 즉 대부분 수직을 이루도록 배치해야 한다. 이러한 드로잉 접근법은 특정 컴퓨터 프로그램이 3D 렌더링을 할 때 정보 입력이 필요한 방식과 많은 공통점이 있다.

신데렐라 테이블 – 제론 버호벤(Jeroen Verhoeven), 스튜디오 데마케르스반 (DEMAKERSVAN)
사진 : Raoul Kramer

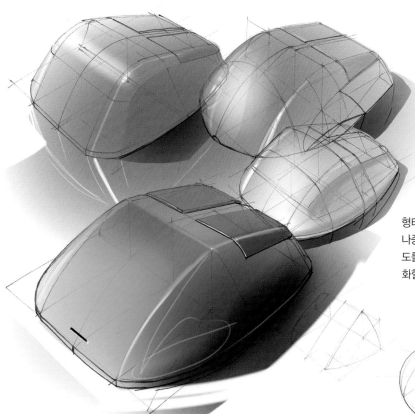

형태를 더 잘 설명하거나 영역을 강조할 필요가 있을 때는 나중 단계에서 단면도를 그리기도 한다. 이렇게 하면 단면도를 활용해 다양한 굴곡을 탐색해 볼 수 있고 형태를 최적화할 수 있다.

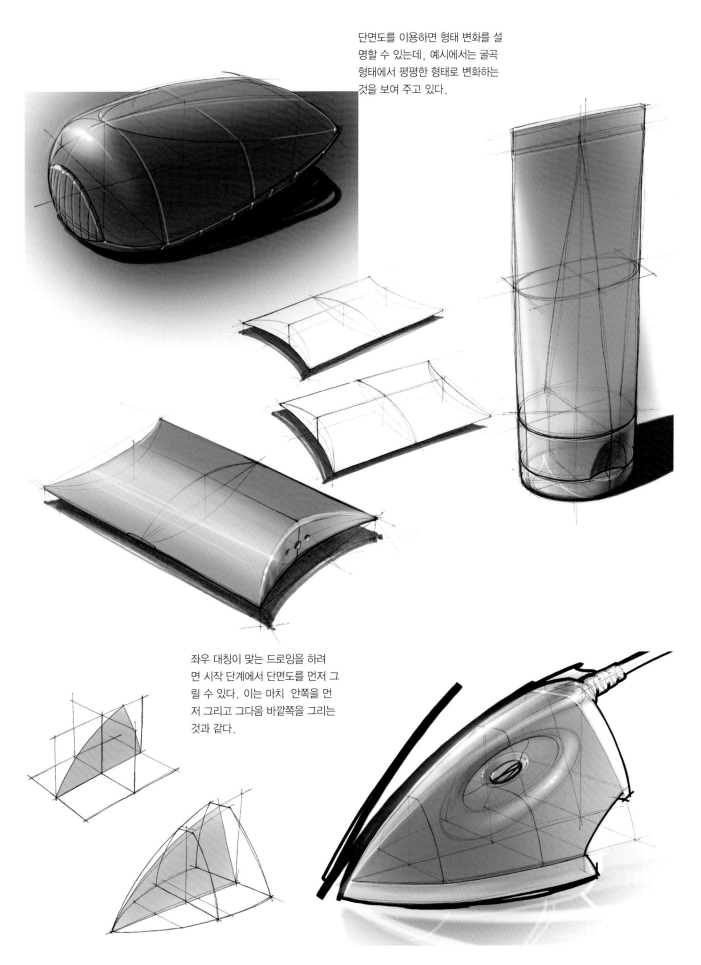

단면도를 이용하면 형태 변화를 설
명할 수 있는데, 예시에서는 굴곡
형태에서 평평한 형태로 변화하는
것을 보여 주고 있다.

좌우 대칭이 맞는 드로잉을 하려
면 시작 단계에서 단면도를 먼저 그
릴 수 있다. 이는 마치 안쪽을 먼
저 그리고 그다음 바깥쪽을 그리는
것과 같다.

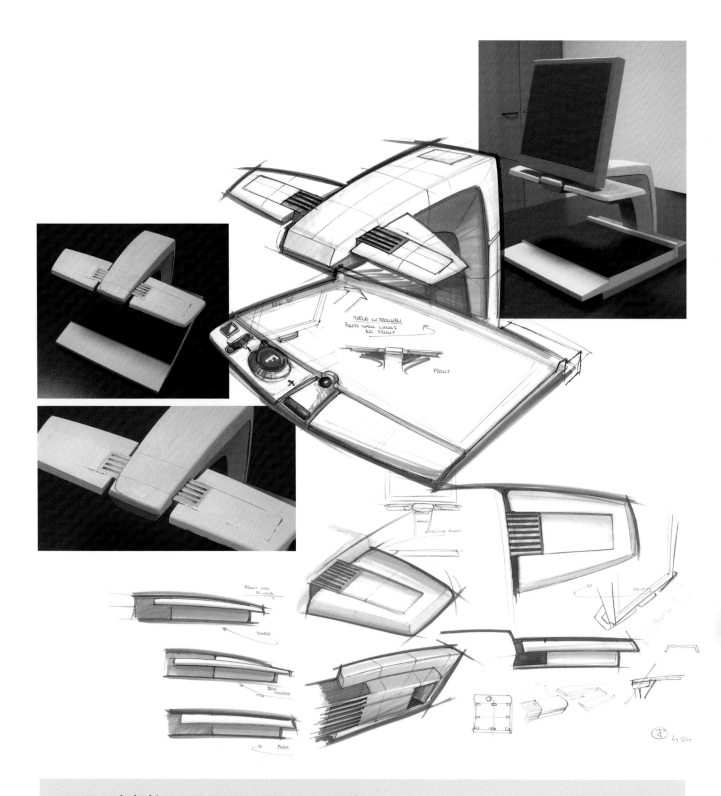

SPARK 디자인(Spark Design Engineering)

데스크탑 비디오 확대기(2005)는 시각 장애를 가진 사람들이 출력된 글자를 읽고, 사진을 보고, 정교한 수작업이 가능하도록 도와주는 제품군 중 하나다. 슬라이딩 독서 테이블의 카메라 아래에 물체를 놓으면 디스플레이상에서 최대 50배까지 확대해서 볼 수 있다. 이 제품 제작 과정에서 새로운 조명 방식을 개발했다. 조명을 개발하려면 제품 스타일에 대한 새로운 접근법이 필요했고, 이 접근법이 제품 스타일에 다시 영감을 주기도 했다. 스파크는 스케치와 형태 모델을 사용해서 알루미늄 부품을 추가하는 옵션을 살펴보았다. 조명 디자인의 스타일링 요소를 추가하고 조명에서 나오는 열손실을 개선하면서, 카메라의 팔부분에서 날개 부분을 시각적으로 분리할 수 있게 하는 옵션이었다. 표면 형태의 변화를 강조하기 위해 단면도를 추가했다.

spark

아이디어 작업 과정에서 제작된 스케치는 디자인팀 모두가 이해할 수 있어야 하고 가끔은 고객과의 소통 과정에도 적절하게 사용될 수 있어야 한다. 드로잉에 텍스트를 추가하면 기술적인 부분, 형태의 가능성 또는 요구 사항을 알리는 데 유용하다. 확대기 사용자들의 좋지 않은 시력과 관련된 디테일 부분이나 색채에 대한 연구가 이 스케치에서 분명하게 나타난다.

사용자 인터페이스 방식은 크기, 형태, 위치, 이동, 그래픽, 대비를 고려하여 시각화했다.

형태 추정하기

보다 숙련된 단계에 이르면, 가이드라인은 적게 사용하면서 형태를 추정해서 드로잉을 할 수 있다. 때로는 윤곽선을 '예측'할 수 있으며, 형태에 대해 더 자세히 설명하기 위해 나중에 단면도를 추가할 수 있다.

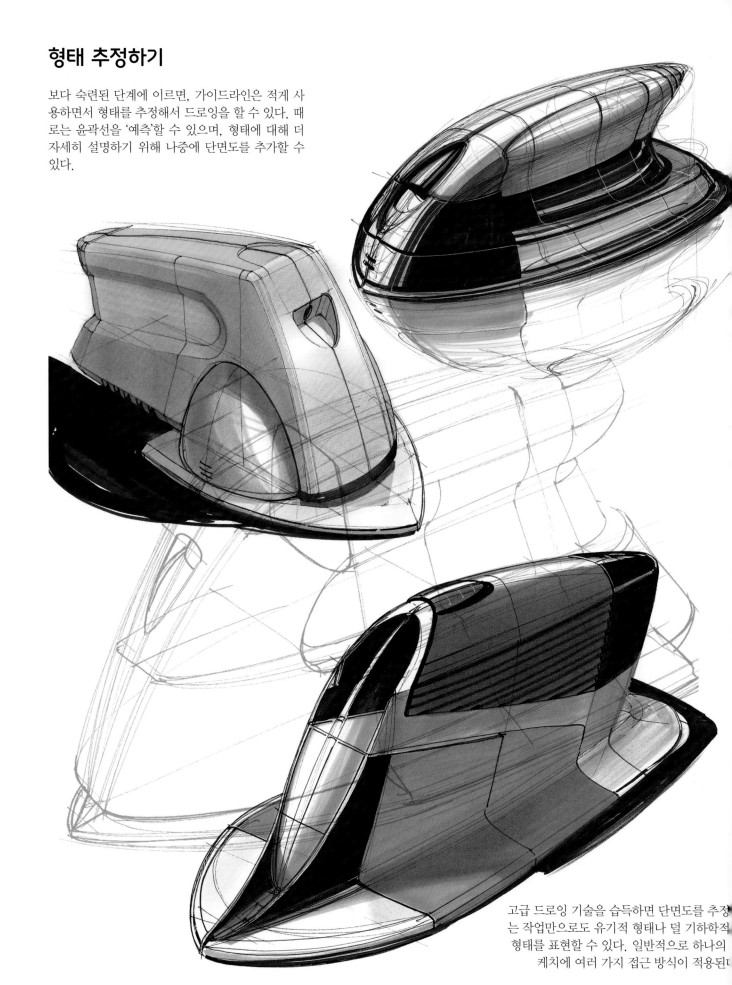

고급 드로잉 기술을 습득하면 단면도를 추정하는 작업만으로도 유기적 형태나 덜 기하학적 형태를 표현할 수 있다. 일반적으로 하나의 케치에 여러 가지 접근 방식이 적용된다.

이 휴대용 수중 카메라 아이디어 작업은 단면도의 중요성을 보여 준다. 각각의 스케치에서 단면도는 본체에 달린 손잡이 부분을 그리거나 형태를 설명하는 데 사용된다.

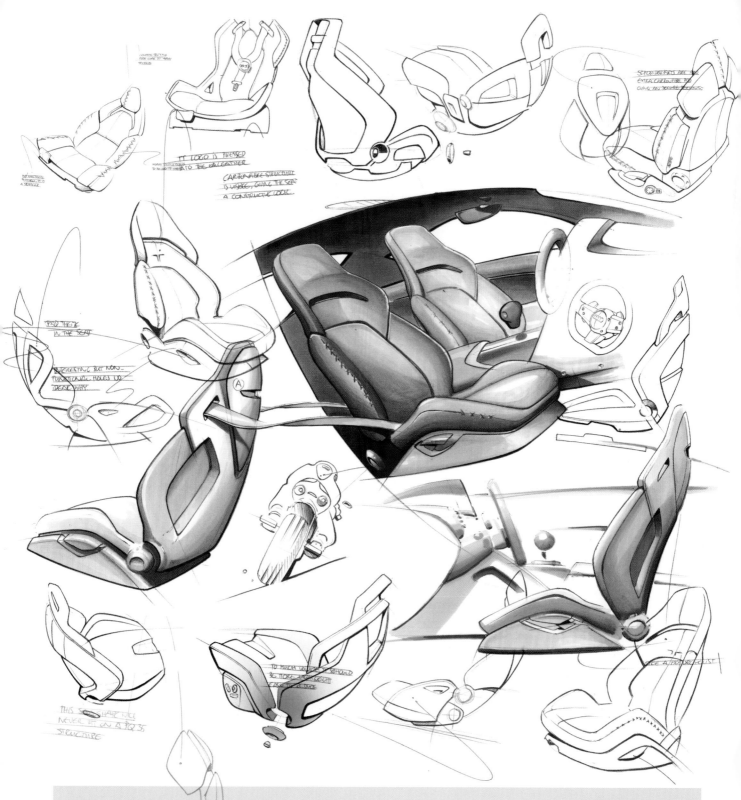

아우디(Audi AG, 독일) - Wouter Kets

아우디는 2003년 9월 프랑크푸르트 모터쇼(Frankfurt motor show)에서 르망(Le Mans) 콘셉트를 소개했다. 이 프로젝트의 목적은 아우디 스포츠카의 잠재력을 보여 주는 것이었다. 결과적으로 V10 엔진을 장착한 후방 엔진 2인승 스포츠카가 탄생했다. 자동차는 6개월 만에 완전한 기능을 갖추도록 디자인과 제작이 되었다. 아우디의 이 스포츠카는 모터쇼와 언론에서 긍정적인 반응을 얻었고, 특히 차내 인테리어 부분에서 대중으로부터 극찬을 받았다. 시제품은 생산용으로 개발되어 아우디 R8 슈퍼 스포츠카로 탄생했다. 차량 내 좌석은 경량 카본 파이버 버킷(carbon fibre bucket)으로 만들어졌고, 짐칸을 더 많이 확보하도록 접을 수 있는 구조로 제작되었다.

수석 디자이너 : 발터 드 실바(Walter de´Silva)

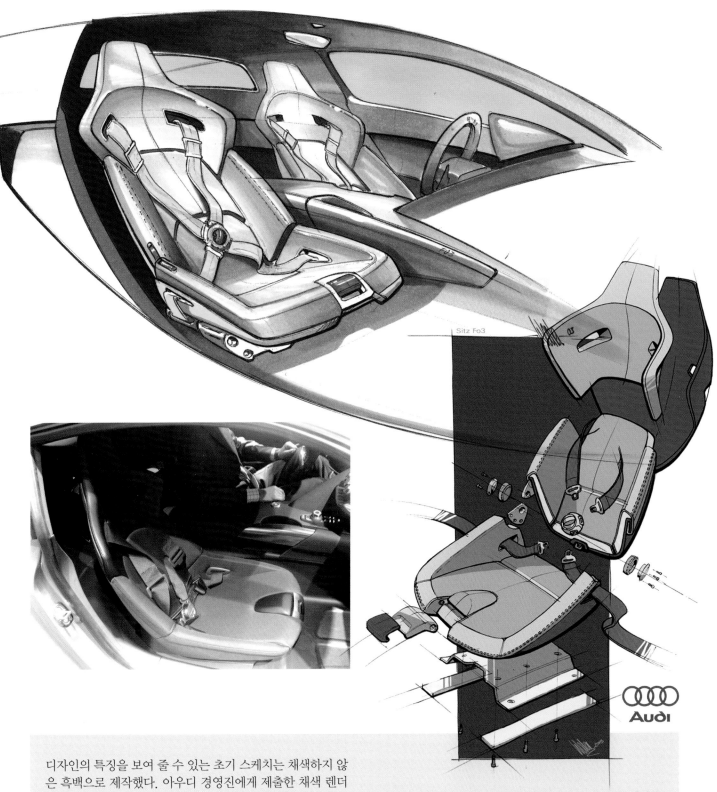

Sitz Fo3

AUDI

디자인의 특징을 보여 줄 수 있는 초기 스케치는 채색하지 않은 흑백으로 제작했다. 아우디 경영진에게 제출한 채색 렌더링은 종이에 펜, 마커, 연필만을 사용한 고전적 방식의 드로잉이었다. 분해도는 엔지니어 팀과 모델 제작팀이 초기 단계에서 자동차 좌석에 관한 다양한 기술적 부분을 논의하는 데 도움을 주었다.

단면도는 미세한 형태 변화를 강조하는 역할을 했다. 드로잉의 라인 작업은 손으로 직접 했다. 분명하고 알아보기 쉬운

드로잉을 만들기 위해 그러데이션을 피하고 한정된 색만을 사용해서 포토샵으로 채색했다. 이 드로잉은 CAD 엔지니어링과 추후 실물크기의 모델 작업 시 활용되는 기반이 되었다.

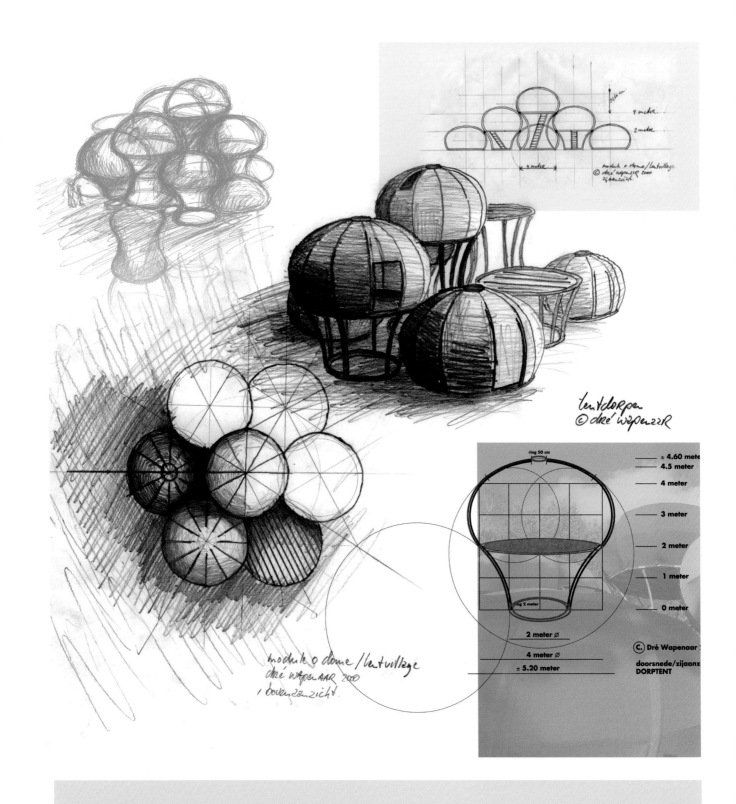

디자인 시작 과정에서 종이에 그린 연필 스케치는 초기 아이
디어를 탐구하고 시각화하는 데 사용했다. 다음 단계에서 스
케치는 주로 가능한 구조에 대해 연구하고, 크기와 치수처럼
구조 전 단계의 사안을 해결하는 데 사용한다.

Dré Wapenaar

텐트빌리지(TENTVILLAGE, 2001)는 미술 전시의 일부로 제 작된 조형물이다. 각각의 텐트 모 듈이 하나의 마을로 조합되는 방 식 즉, 공공 공간과 개인 공간의 배치, 텐트의 다른 층과 텐트 사이 의 근접성 등은 그 안에 사는 사람 들 또는 사회적 의미에 따라 다양 하게 나타날 수 있다. 이 텐트는 모두 사회의 함축적 이미지를 보 여 주며 서로 마주하게 되는 상황 을 만들어 낸다.

사진 : 로버트 R. 루스(Robbert R. Roos)

'나무 텐트(Tree Tents)' 프로젝트는 삼림지대의 나무들을 베지 못하도록 나무에 자기 자신을 묶는 행동주의자들에게 주거지가 필요하다는 아이디어에서 영감을 받았다. 한 캠프장 대표가 이 작품의 드로잉을 보고 Wapenaar에게 텐트 구매 의사를 밝혔고, 이로써 나무 텐트 프로젝트의 파생 효과가 생기게 되었다. 텐트 제작은 전체 수작업으로 이루어지기 때문에 생산량이 적다. 텐트의 메인 공간에서 성인 2명과 아이 2명이 잘 수 있다. 최종 디자인의 특징과 전체적인 크기를 이 스케치에서 이미 살펴볼 수 있다.

사진 : 로버트 R. 루스

8장

아이데이션(Ideation)

아이데이션은 아이디어나 콘셉트를 형성하는 작업이다. 이는 창의력, 혁신, 콘셉트 개발 측면에서 중요하다. 창의력을 불러일으키는 강력한 방법은 확산적 사고(divergent thinking)를 하는 것이다. 수많은 드로잉과 스케치 작업을 하면서 사람들은 일반적인 혹은 평범한 아이디어에서 벗어나 더 많은 것을 탐구할 수 있고, 디자인의 새로운 방향을 창출할 수 있다. 이러한 흥미로운 '가치 없는 드로잉(drawing without valuing)' 방식은 보통 브레인스토밍 단계에서 많이 활용된다. 고객이 같은 자리에 있든 없든

상관없이 아이디어를 공유하는 것은 새로운 기회를 가져온다. 즉 트렌드, 기술, 제품의 범위와 관련된 시각화, 수정, 탐색, 실험을 해볼 수 있다. 8장에서는 기업 내의 브레인스토밍 과정이나 개인적 스케치에서 나타나는 여러 확산 및 시각적 사고 과정(divergent visual thinking)을 '있는 그대로(uncut)' 보여 준다. 이러한 예시들이 개인적인 아이데이션 방법을 보여 줄 것이다.

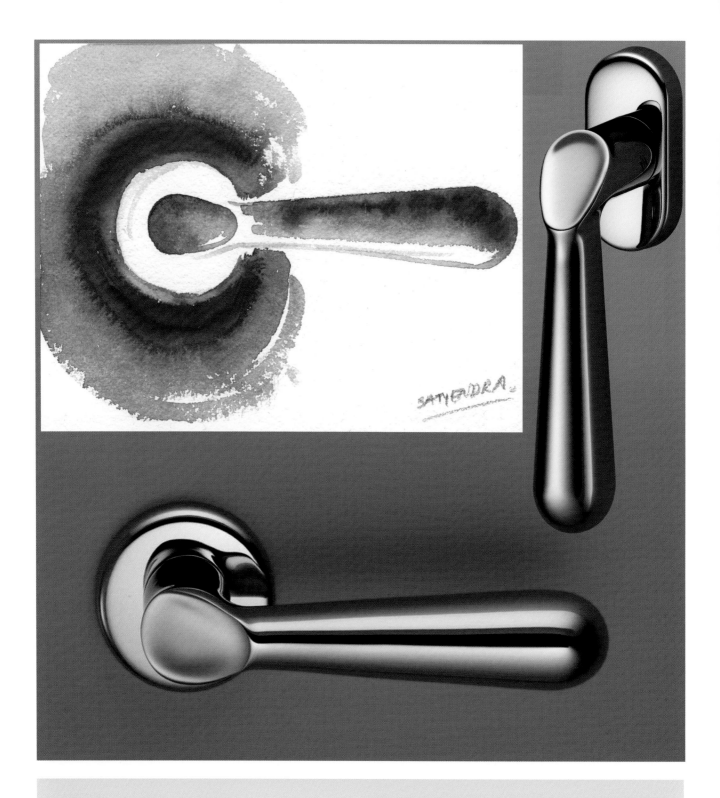

아틀리에 사티엔드라 파칼레
(Atelier Satyendra Pakhal)

아미사(Amisa), 황동 주물로
제작된 감각적 손잡이.
콜롬보 디자인(Colombo
Design S.p.A.) 의뢰, 이탈
리아, 2004.

"오랜 시간 동안 현직 산업 디자이너로서, 머릿속에 순간적으로 떠
오르는 아이디어나 창의적인 생각을 포착하고자 수채화나 부드러운
연필을 사용해 스케치하는 습관을 들여왔습니다. 즉 이러한 생각,
느낌, 감정을 분명하게 정의하기 어려운 디자인 과정 속에 담아내기
위해 스케치를 합니다."

디자이너: 사티엔드라 파칼레 사진 : 콜롬보 디자인

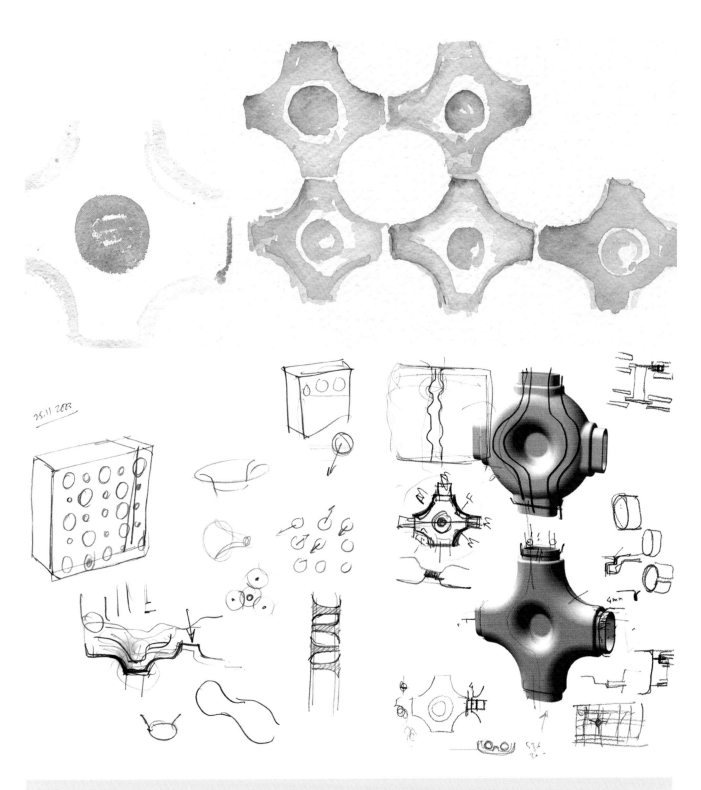

"저에게 있어 생각/느낌 스케치는 중요합니다. 이 스케치들은 산업 디자인에 대한 저의 개인적 접근법과 관련이 있습니다. 기발한 재료와 이 재료의 문화적 특성을 사용해서 혁신적인 디자인 설루션을 창조 및 개발하고 새로운 상징성을 만들기 위해 산업 디자인 프로젝트를 진행하는 저만의 방식을 발전시켜 왔습니다. 이렇게 저의 스케치. 드로잉, 프레젠테이션 기법은 오랜 기간에 걸쳐 발전했습니다. 국제적으로 활동하게 되고 여행이 디자인 과정의 일부가 되면서 저는 스케치북을 항상 가지고 다니는 습관을 들였습니다. 비행기 환승 구간에서나 장거리 비행시간 동안 스케치를 하는 것이 습관이 됐습니다.

이렇게 하면서 저는 수채화의 힘을 다시 한 번 깨닫게 됐습니다. 수채화는 인생과도 같습니다. 한 번 붓질을 하면 다시 되돌릴 수 없죠. 순간을 포착할 수 있다는 점이 수채화의 가장 도전적인 부분입니다. 저는 산업 디자인 과정에서 이러한 도전정신을 발휘하는 것을 좋아합니다."

아틀리에 사티엔드라 파칼레
(Atelier Satyendra Pakhal)

부속 라디에이터, 전기와 수압식 모듈 라디에이터, Tubes Radiatory 의뢰, 이탈리아, 2004.
자신을 '문화적 유목민'으로 설명하는 사티엔드라 파칼레는 신선한 관점과 현대 사회와 특히 관련 있는 강력한 문화적 영향의 다양성을 자신의 디자인에 도입하면서 폭넓은 분야에 서 활동하고 있다. 그의 디자인은 재료의 새로운 응용법과 기발한 기술을 종합한 문화적 담화에서 비롯된다. 사티엔드라 파칼레는 가장 영향력 있는 현직 산업 디자이너로 자리매김 할 수 있게 해준 '세계적인' 그의 디자인을 통해 메시지를 전달하고 있다.

디자이너 : 사티엔드라 파칼레 사진 : Tubes Radiatory, 이탈리아

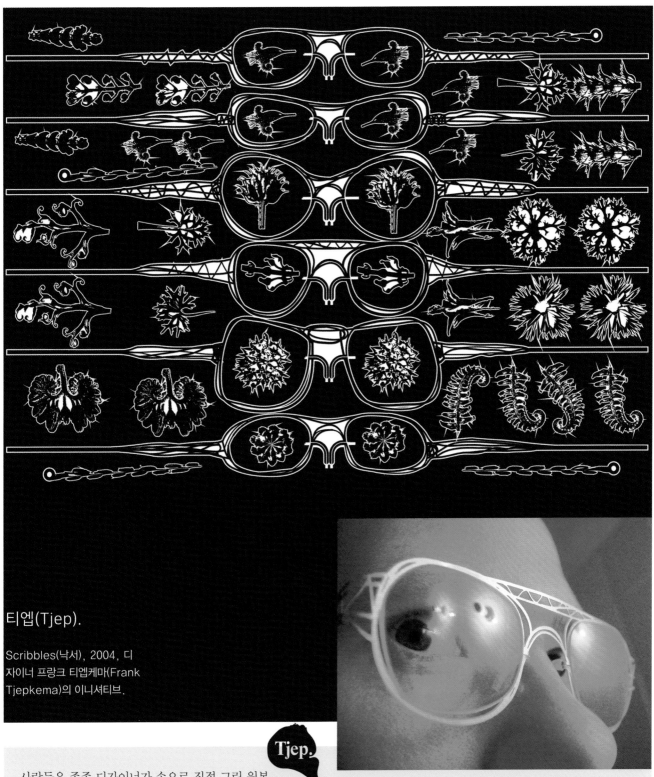

티엡(Tjep).

Scribbles(낙서), 2004, 디
자이너 프랑크 티엡케마(Frank
Tjepkema)의 이니셔티브.

Tjep.

사람들은 종종 디자이너가 손으로 직접 그린 원본
드로잉에 매혹된다. 이 낙서 드로잉에는 디자이너의 가공되
지 않은, 순수 그대로의 예술적 의도가 담겨 있다. 건축가들
은 한 장의 종이 위에 세 개의 선을 그릴 수 있고, 이 세 개
의 선은 복잡한 구조물로 발전시키는 데 필요한 가이드라
인으로 사용하기에 충분하다. 하지만 불행히도 즉각적이고
자유분방한 처음 의도는 디자인 과정에서 사라지기 마련이
다. 만약 낙서와 같은 초기 드로잉이 기술적 문제로 인한 추

출 작업이나 변경 사항 없이 바로 최종 결과가 된다면 어떨
까? 티엡은 제품명을 Scribbles(낙서)로 지은 첫 번째 안경 시
리즈로 이러한 혁신을 달성했다. 이 페이지에서 제품의 프리
뷰를 살펴보자.

Photography: Tjep.

* kantoorgebouw.
* villa
* flatgebouw.
* klassiek gebouw.
* religieus gebouw.
* toren v Babel.

* lamp
* clock.
* vase.

~ Sausage ~

스튜디오 욥(Studio Job)

욥 스메츠(Job Smeets)는 생각을 표현하는 방법으로 드로잉을 사용한다. 그 결과 수천 장의 A4 용지 드로잉이 탐구활동의 실험적 방법으로 활용된다. 프로젝트의 분명한 시작이나 끝은 없다. 드로잉 과정은 오히려 다양한 프로젝트를 발생시키는 연속적인 흐름이 된다.

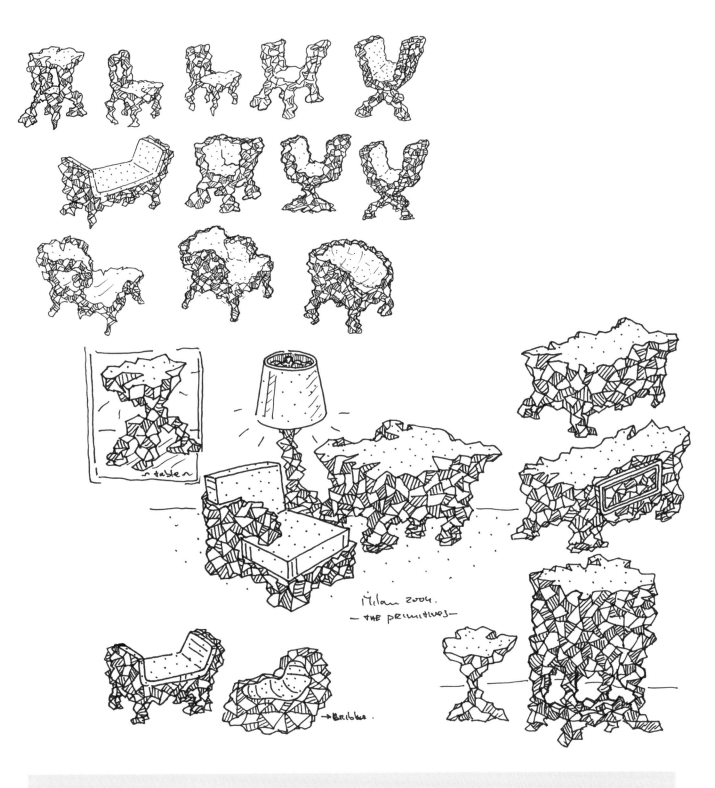

"이제 막 시작한 훌륭한 스토리텔러가 자신의 이야기에 새로운 요소를 조금씩 추가하는 것처럼, 스튜디오 욥(욥 스메츠와 닝케 티나헬(Nynke Tynagel))은 독특한 프레임 때문에 초기에는 장난처럼 들렸던 음산한 테이블에 매 시즌마다 새로운 디자인을 추가합니다. 비율은 맞지 않지만 사람들 사이에 쉽게 확산되는 스튜디오 욥의 캐리커처 같은 디자인들은 세계 디자인계에 논란을 불러일으켰습니다. 스튜디오 욥의 작품은 그들 디자인의 통일성, 자율성, 형상과 같은 요소를 의도적으로 가지고 놀면서 기능성, 대량 생산, 그리고 스타일에 관한 일반적인 해석에 비판을 제공합니다."
(Sue-an van der Zijpp)

바위 가구(Rock Furniture), 2003

바위 테이블(Rock Table), 2002

"스튜디오 욥은 시각적 단서를 세련되게 다룰 줄 아는 실력으로 유명하고, 시각 예술에만 한정된 것처럼 보이던 요소들이 작품에 내재되어 나타나기도 합니다. 스튜디오 욥의 작업은 디자인과 자율적 예술(autonomous art) 사이에서 균형을 이루고 있습니다." (Sue-an van der Zijpp)

vase.

bord met wolken.

taart.

gevangenis

penthouse

pudding

burght.

2,5 × 5
65 × 50

비스키(Bisquit), 2006

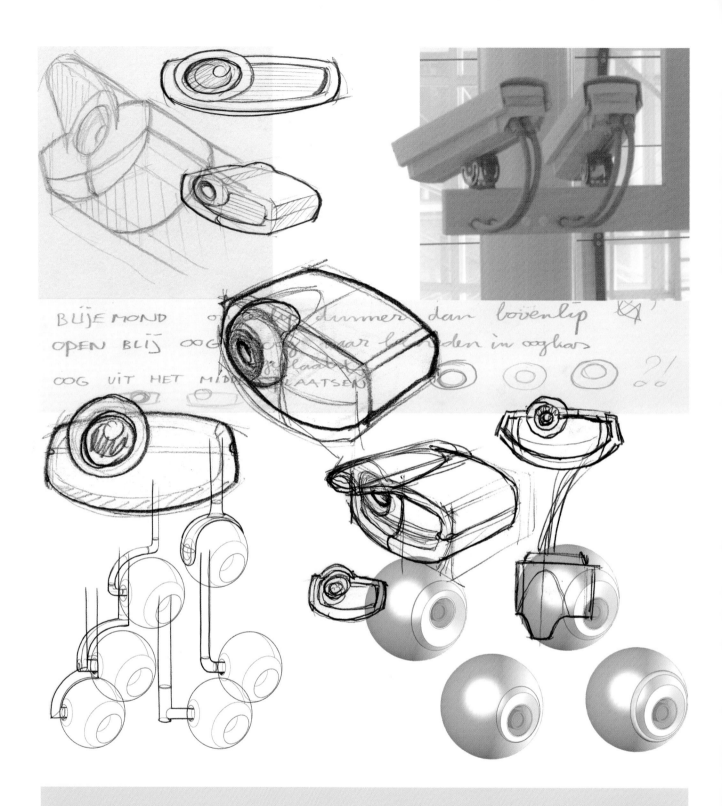

BLIJE MOND   ol   dunner dan bovenlip
OPEN BLIJ oog   nar   den in ooghos
OOG UIT HET MIDD   LAATSEN   ?!

초기 스케치에서는 기존 카메라와의 유사성이 분명하게 보인다. 새롭고 보다 친근한 방향으로 발전해가는 과정에서 보이는 바와 같이 카메라가 보다 특징적으로, 다시 말하면 보다 '동물 같은' 모습을 하게 된다.

수작업 스케치는 버리고 컴퓨터 렌더링으로만 작업해야 하는 순간이 뚜렷하게 정해져 있는 것은 아니다. 대신 이러한 작업 방식의 변경은 점진적으로 이루어진다. 렌더링한 인쇄물 위에 하는 스케치는 서로 비교 가능하며 '형태를 그대로

유지하는(form-safe)' 언더레이 밑그림에 자유롭고 직관적인 표현을 결합하는 것이다.

렌더링 작업 시에는 보다 이성적인 (객관적인) 접근법을 적용해 즉흥적인 행동을 지양하게 되지만, 수작업 드로잉으로는 빠르고 연상이 가능한 수정 변경이 가능하다.

FABRIQUE

파브리끄(Fabrique)

파브리끄는 Hacousto의 의뢰를 받아 네덜란드 철도(Dutch Railways)와 잘 어울리고 '빅브라더(Big Brother)' 같은 느낌을 없앨 수 있는 새로운 감시카메라 개발을 맡았다. 결과적으로 새로운 카메라에 말 그대로 얼굴을 만들어서 보다 친근한 이미지를 만들었다. 카메라의 얼굴에 있는 친절한 눈이 감시 기능을 하는 것이다. 기존에 엉켜있던 전선을 제거했고,

대신 전선을 브래킷 안으로 숨겨서 깔끔한 이미지를 구축했다. 카메라는 최적의 시야 범위를 확보하기 위해 여러 다발로 눈에 띄는 곳에 설치되었다. 이 Eye-on-you(지켜보고 있어요) 카메라는 2006년 네덜란드 디자인 어워드(Dutch Design)의 후보에 올랐다.

디자이너 : Iraas Korver와 Erland Bakkers

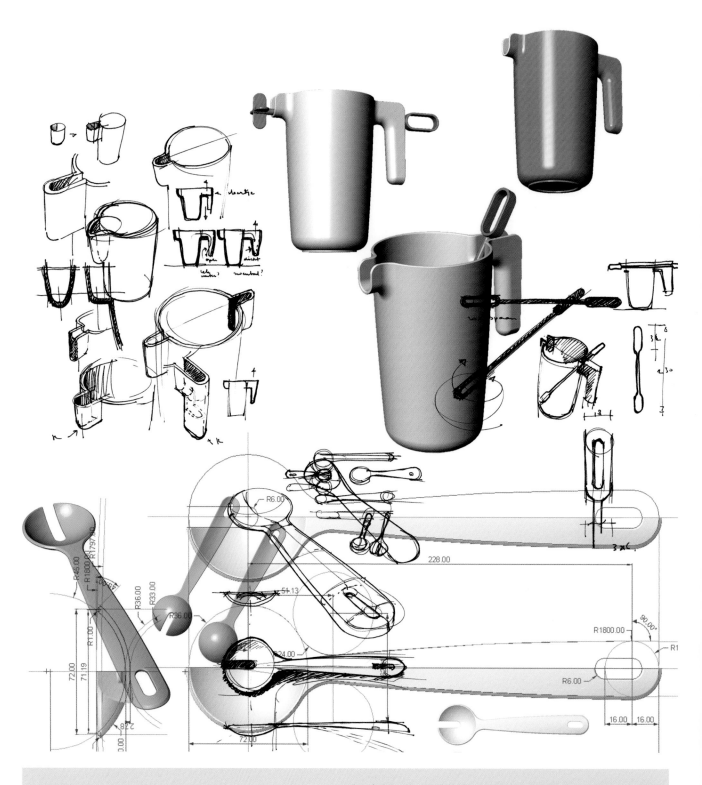

스튜디오 MOM (studioMOM)

여러 주방 기구들, 멜라민으로
만들어진 식기류 컬렉션.
위젯(Widget) 의뢰, 2006.

"스케치를 하는 동안 종이 위에 그리는 드로잉에는 직접적으로 반응
할 수 있지만 CAD 작업 시에는 지정된 계획을 실행에 옮긴 후 나중
에야 그 결과에 반응할 수 있습니다. 이러한 두 가지 시각화 방식은
반응과 의사결정이 갖는 서로 다른 순간을 의미합니다."

디자이너 : 스튜디오 MOM, 프레드 반 엘크(Alfred van Elk), 마르스 홀베르다(Mars Holwerda)

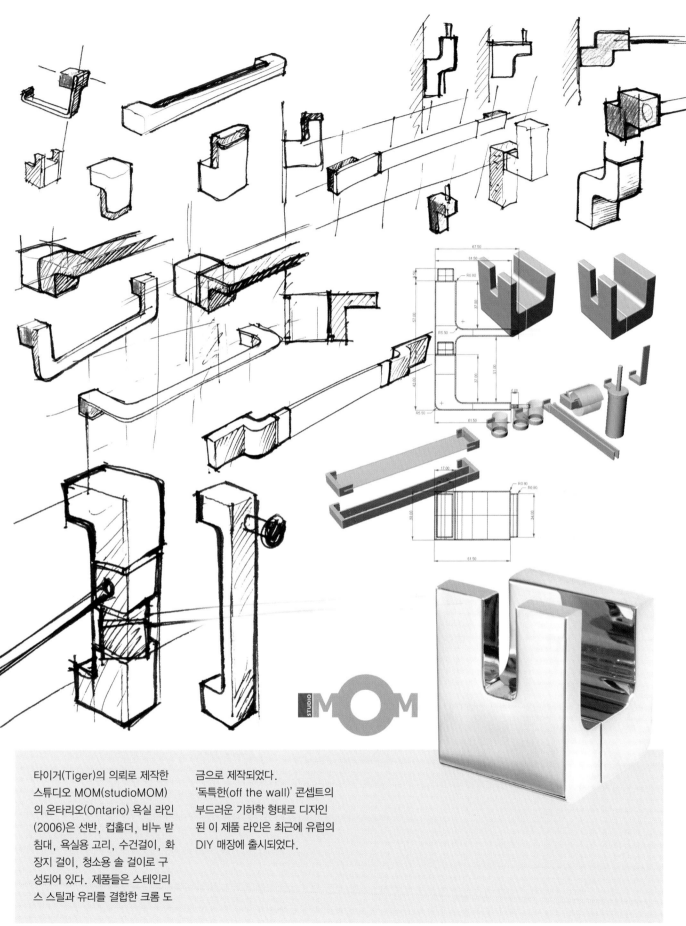

타이거(Tiger)의 의뢰로 제작한
스튜디오 MOM(studioMOM)
의 온타리오(Ontario) 욕실 라인
(2006)은 선반, 컵홀더, 비누 받
침대, 욕실용 고리, 수건걸이, 화
장지 걸이, 청소용 솔 걸이로 구
성되어 있다. 제품들은 스테인리
스 스틸과 유리를 결합한 크롬 도

금으로 제작되었다.
'독특한(off the wall)' 콘셉트의
부드러운 기하학 형태로 디자인
된 이 제품 라인은 최근에 유럽의
DIY 매장에 출시되었다.

사진 : 타이거(Tiger)

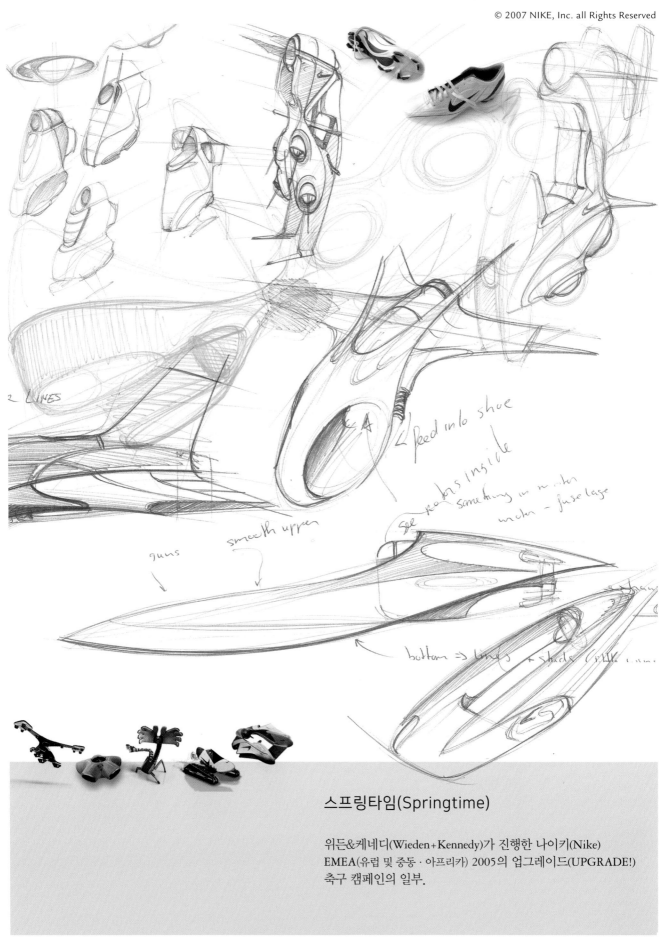

2 LINES

guns

smooth upper

feed into shoe

see robes inside

something in motor

motor - fuselage

bottom ⇒ lines

스프링타임(Springtime)

위든&케네디(Wieden+Kennedy)가 진행한 나이키(Nike)
EMEA(유럽 및 중동 · 아프리카) 2005의 업그레이드(UPGRADE!)
축구 캠페인의 일부.

디자이너 : Michiel Knoppert 컴퓨터 렌더링 : 미힐 반 이프런(Michiel van Iperen) 사진 : 폴 D. 스콧(Paul D. Scott)

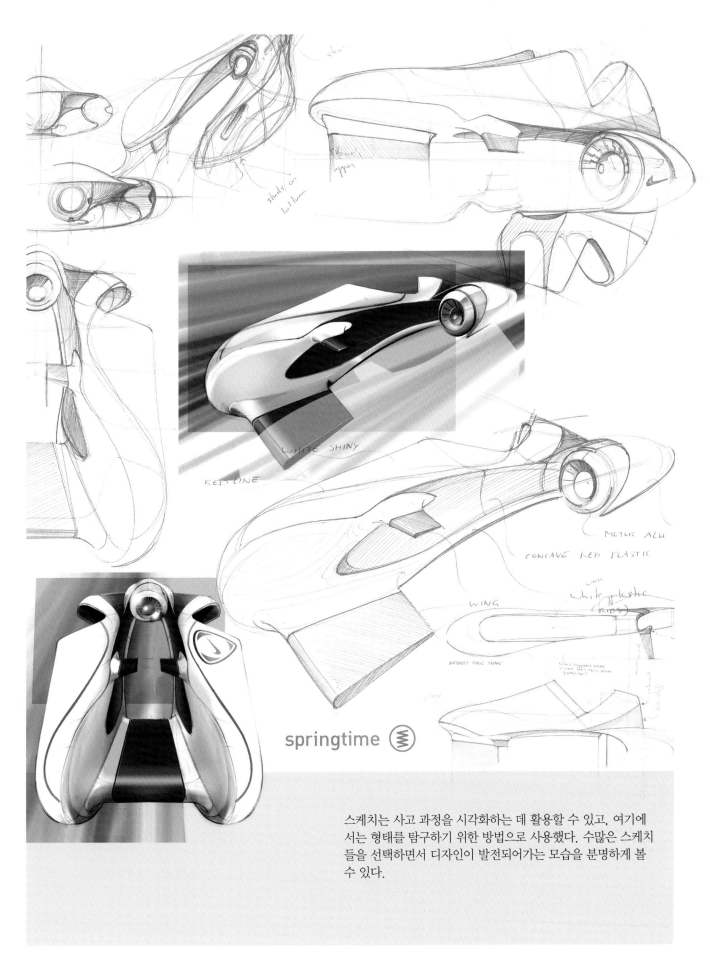

WHITE SHINY

REA LINE

MOTOR ALU

CONCAVE REA PLASTIC

WING

White plastic
(RIBS)

RESPECT SHOE SHAPE

springtime

스케치는 사고 과정을 시각화하는 데 활용할 수 있고, 여기에서는 형태를 탐구하기 위한 방법으로 사용했다. 수많은 스케치들을 선택하면서 디자인이 발전되어가는 모습을 분명하게 볼 수 있다.

포드 자동차(Ford Motor Company, 미국) - 로렌스 반덴애커(Laurens van den Acker)

2003년 모델 U(Model U) 콘셉트 카는 포드의 21세기형 모델 T(Model T)로서, 업그레이드 가능한 기술을 탑재했고, 세계 최초로 수소 엔진과 하이브리드 트랜스미션을 결합한 동력을 사용한다. 모듈 방식과 지속적인 업그레이드를 통해 다양한 개인 맞춤형 변경이 가능하다. 모델 U는 충돌 방지 기능과 적응형 전방 헤드라이트 및 사고를 예방하는 개선된 나이트 비전(night vision) 시스템을 갖추고 있다.

모델 U의 수석 디자이너 로렌스 반덴애커는 "이 프로젝트는 우리에게 매우 흥미로운 작업이었습니다."라고 말했다. "모델 T의 정신을 이어받기 위해 우리는 고객의 니즈를 충족하고 놀라운 자동차 외형 디자인에 도전할 수 있는 매우 기발한 자동차를 디자인해야 했습니다. 모델 U는 수소 탱크와 하이브리드 엔진이 들어갈 공간이 필요했음에도 불구하고 탑승자 좌석 공간이나 짐을 넣을 실내 공간을 포기하지 않았습니다."

다양한 영감의 결합 : 디자인 방향을 탐색 및 제안할 수 있도록 특정 측면을 강조하는 자동차 사진과 분석적 스케치를 함께 배치했다. 디자이너의 스케치북 중 두 페이지는 19주 차의 진행 과정을 보여 준다. 이 단계에서 이미 후미등과 전조등의 레이아웃이 보이는 점에 주목해 보자.

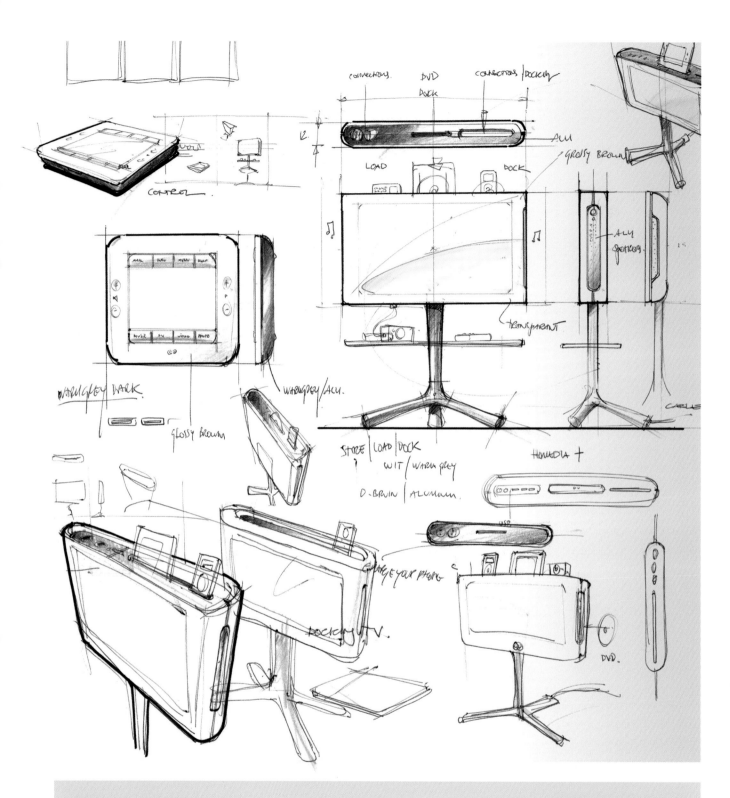

각각의 디자인 과정은 수작업 스케치를 이용해 가능성을 모색하는 데서 시작한다. 최종 디자인은 솔리드웍스(SolidWorks)로 모델링, 시네마 4D(Cinema 4D)로 렌더링했다.

"저는 보통 고객과 디자인 관련 커뮤니케이션을 하는 방법에 대해 미리 생각해서 신중하게 결정합니다."

SMOOL 디자인 스튜디오
(SMOOL Design Studio)

멀티미디어 TV 역시 로버트 브론바서의 디자인 비전을 보여 주는 기존 제품 재디자인 시리즈의 일부다. 여기서 모든 멀티미디어 기능은 사용자 친화적 디자인으로 통합되었고, 고객의 실내 인테리어와도 잘 어울릴 수 있도록 디자인되었다.

Items/5, Sept/Oct. 2006

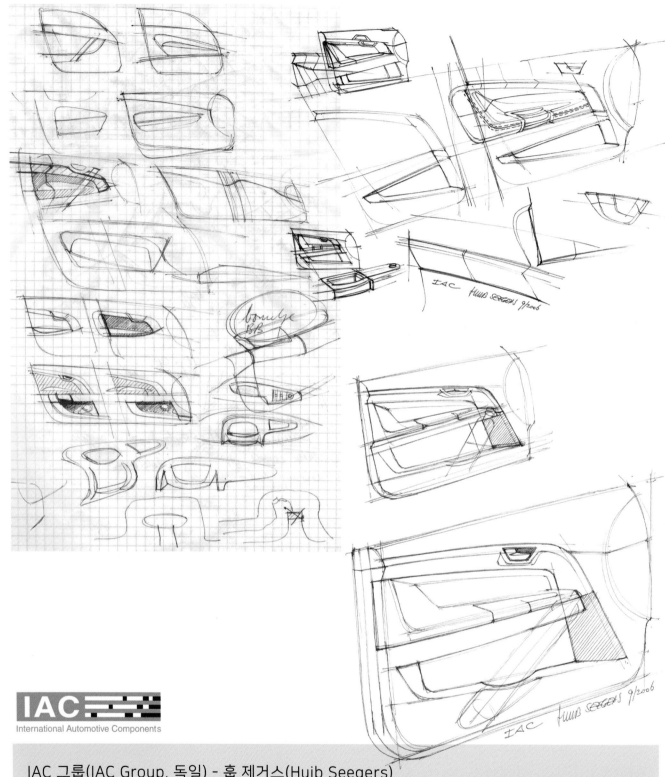

IAC 그룹(IAC Group, 독일) - 훕 제거스(Huib Seegers)

훕제거스의 스케치북에 담겨 있는 스케치들 중 하나로 IAC 그룹이 도어 패널의 형태를 모색할 때, 흐르는 듯한 곡선이 실현 가능하도록 연구하는 드로잉이다(2006). 다음 단계에서 드로잉은 보다 정교해지고 투시도법에 맞게 바뀌는데, 팔걸이와 문 손잡이가 서로 호환되지 않을 경우를 찾아보고, 지도나 물병 같은 물건을 넣을 수 있는 공간을 남겨둘 수 있도록 드로잉했다.

SEAT, 스페인 – Wouter Kets

SEAT의 Leon 시제품 좌석의 디자인 탐색용으로 빠르게 제작한 드로잉이다. 다양한 시점에서 펜으로 퀵(quick) 스케치했고, 기발한 스케치들은 다음 단계 스케치의 언더레이 밑그림으로 사용하면서 디자인을 개선했다. 주요 부분의 단면도를 대칭으로 그려서 드로잉을 보다 쉽게 이해할 수 있도록 했다. 최종적으로 가능성 있는 디자인을 강조할 수 있게 마커 작업을 추가했다. 이후 단계에서 이러한 드로잉은 테이프드로잉(tape-drawings)과 CAD 모델 작업을 시작하는 데 사용한다. 디자인 팀 및 디자인 경영진과 첫 아이디어에 대해 의논하는데 보통 이 정도 수준의 디테일과 구체화 작업이면 충분하다.

수석 디자이너 : 루카 카사리니(Luca Casarini)

피닌파리나(Pininfarina, 이탈리아) - 로위 버미쉬(Lowie Vermeersch)

2004년 파리 모터쇼(Paris Motor Show)에서 안정성 연구 시제품이었던 피닌파리나 니도(Pininfarina Nido)가 세계무대에 소개됐고, 시제품 및 콘셉트 카 부문에서 '가장 멋진 차(Most Beautiful Car of the Year)'로 선정되었다. 니도 프로젝트는 구조적 측면이나 2인승 소형 자동차 디자인과 관련된 새로운 가능성을 연구 및 디자인하고, 시제품화해 보는 작업에 기반을 두고 있다. 차량 내외부의 공간 사용에 대한 연구가 진행되었는데, 그 목적은 탑승자의 안전에 직접적인 영향을 미치는 내부 안정성과 충돌 시 보행자를 최대한 보호할 수 있는 외부 안정성을 강화하는 것이었다.

구조와 형태를 결정하고 탐색하기 위해 수많은 스케치를 제
작했다. 로위 버미쉬의 스케치북은 이러한 브레인스토밍 스
케치를 보여 준다.

노키아(Nokia)의 N70
스마트폰, 2005

페이즈 디자인 스튜디오(Feiz Design Studio)

이 프로젝트의 목표는 노키아와 협업하면서 모바일 멀티미디어 제품군의 뚜렷한 정체성과 특징을 형성하는 것이었다. 이러한 작업으로 N70과 N80 같은 최종 스마트폰 제품이 나왔다. 제품과 관련된 형식언어는 조각할 때 사용하는 접근 방식에 바탕을 두고 있는데, 부드러운 삼각형 형태에서 평평한 마름모꼴로 변화하는 형태를 세밀하게 조절했다. 또한 제품의 안쪽으로는 기술을, 바깥쪽으로는 인간이라는 측면을 반영해서 손과 그립을 감싸고 보완하는 형태를 만들었다. 재료 선택에 있어서도 세심한 주의를 기울였는데, 스마트폰 전면부에는 스테인리스 금속을 사용해 고급스럽고 독특한 이미지를 연출했다.

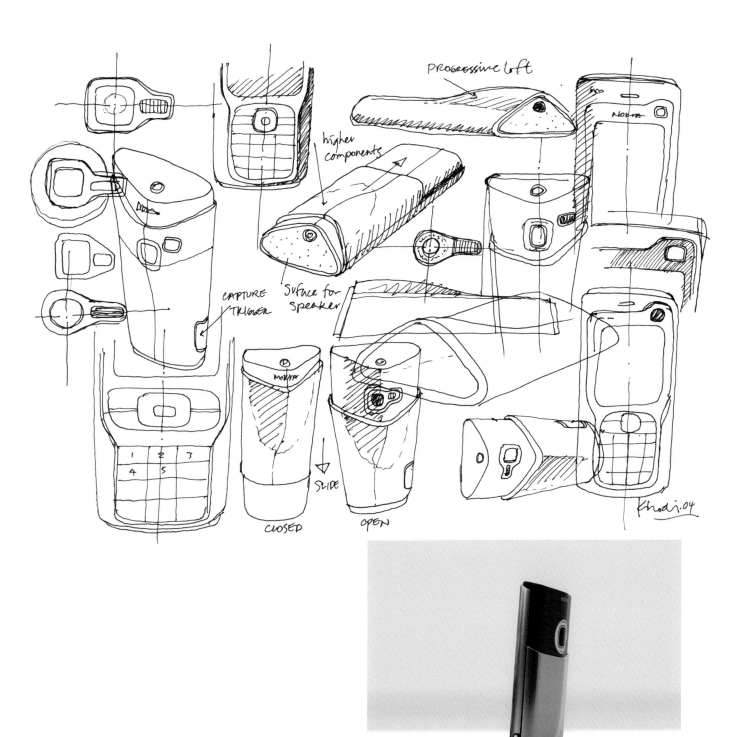

초기 스케치는 디자이너가 출발점을 어디로 잡았는지를 분명하게 보여 준다. 이러한 스케치를 형태와 디테일을 탐색하는 데 활용하고, 디자인 접근법과 제품에 필요한 기술적 및 기능적 요소를 결합하는 방식을 찾아볼 때도 사용한다. 여기에서는 초기 스케치를 추후 탐색과 리뷰 작업에 사용할 수 있도록 실제의 형태 모델로 변형했고, CAD를 사용해서 형태를 마무리했다.

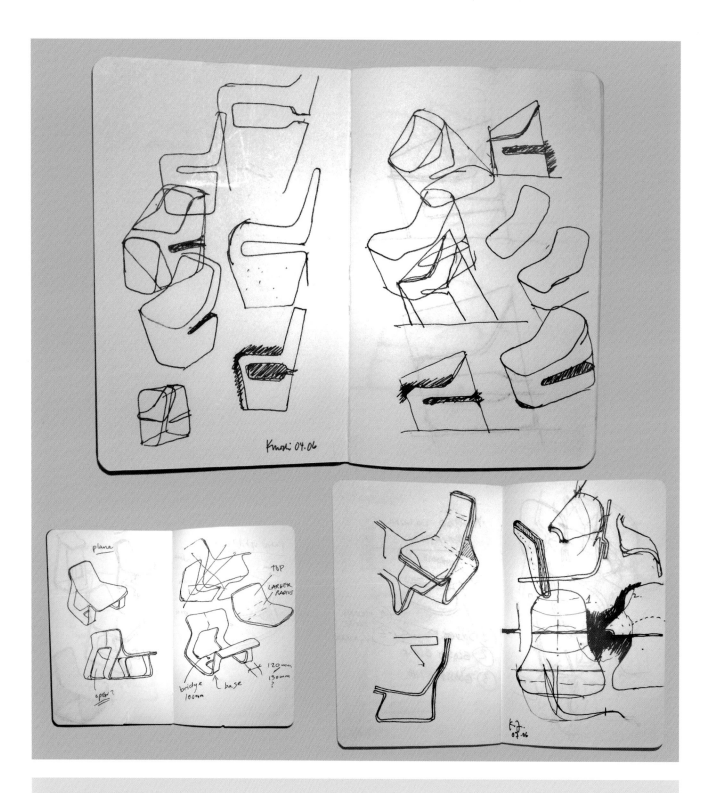

호디 페이즈(Khodi Feiz)

"저도 다른 디자이너들과 마찬가지로 순간적인 아이디어를 놓치지 않으려고 스케치북을 항상 가지고 다닙니다. 나중에 3차원으로 표현할 수 있는 반복적인 사고 과정의 하나로 스케치를 활용합니다. 저는 디자인의 형식적 특성을 탐구할 때 스케치를 합니다. 스케치를 프레젠테이션 도구로는 거의 사용하지 않기 때문에 스케치 자체가 멋지고 세련될 필요는 없습니다. 단지 탐구 작업을 할 수 있고, 의사전달이 잘 될 수 있는 정도면 충분합니다. 저에게 있어 스케치가 중요한 요소는 아닙니다. 제 사고 과정을 기록하는 것일 뿐이죠."

제품 설명을 위한 드로잉

9장

드로잉은 아이데이션이나 프레젠테이션용 외에 다른 사람에게 제품에 대한 설명을 해야 할 때도 사용된다. 특정한 기술 정보를 논의할 때는 설명에 최적화된 분해도나 측면도 같은 특정 종류의 드로잉을 사용한다. 1장 측면 드로잉에서 이미 프레젠테이션과 기술적 드로잉이 함께 사용되는 경우를 살펴보았다. 일반적으로는 보다 도식화된 방식의 드로잉을 설명적 드로잉에 적용한다. 이렇게 하면 순수한 정보만을 명확하게 따로 분리할 수

있다. 드로잉의 전형적인 유형을 활용하면 중립적이고 객관적인 의사 전달이 가능하다. 비주얼 스크립트, 설명서 또는 스토리보드처럼 여러 드로잉을 같이 사용해서 스토리라인을 형성할 수 있다.

ZITTINU GE-
LIJK AAN DE
GANG

RICHARD HUTTEN
ONTWERPEN
Marconistraat 52
3029 AK Rotterdam
T +31 10 4770865

FAX濟

리차드 후텐 스튜디오(Richard Hutten Studio)

'One of a kind(독특한)' 프로젝트는 1942년 얇은 알루미늄으로 최고의 클래식 의자를 제작한 네덜란드 건축가 게리트 리트벨트(Gerrit Rietveld)에 대한 오마주에서 시작되었다. 'One of a kind' 의자는 알루미늄 카본으로 만들어졌다. 나중에는 이 의자와 관련된 다른 디자인도 출시됐고, 2000년에는 'Hidden(숨겨진)'이라는 브랜드명으로 컬렉션이 알려지게 되었다. 기본적인 제품 아이디어를 담고 있는 초기 스케치 이후, 다양한 기술적 설루션에 관한 결과를 시각화하고 엔지니어 팀과 소통하기 위한 방편으로 드로잉을 사용했다.

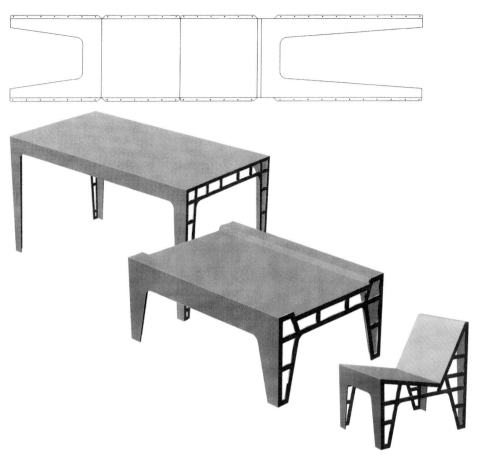

마지막으로 형태 최적화 작업이 컴퓨터와 실측 크기의 모델을 사용해 진행되었다. 'One of a kind' 프로젝트를 통해 최종적으로 의자, 테이블, 식탁, 식탁의자, 캐비닛, 서랍장(stow chest) 이렇게 6개의 오브젝트를 제작했다.

사진 : 리차드 후텐 스튜디오 컴퓨터 렌더링 : 브렌노 비서(Brenno Visser)

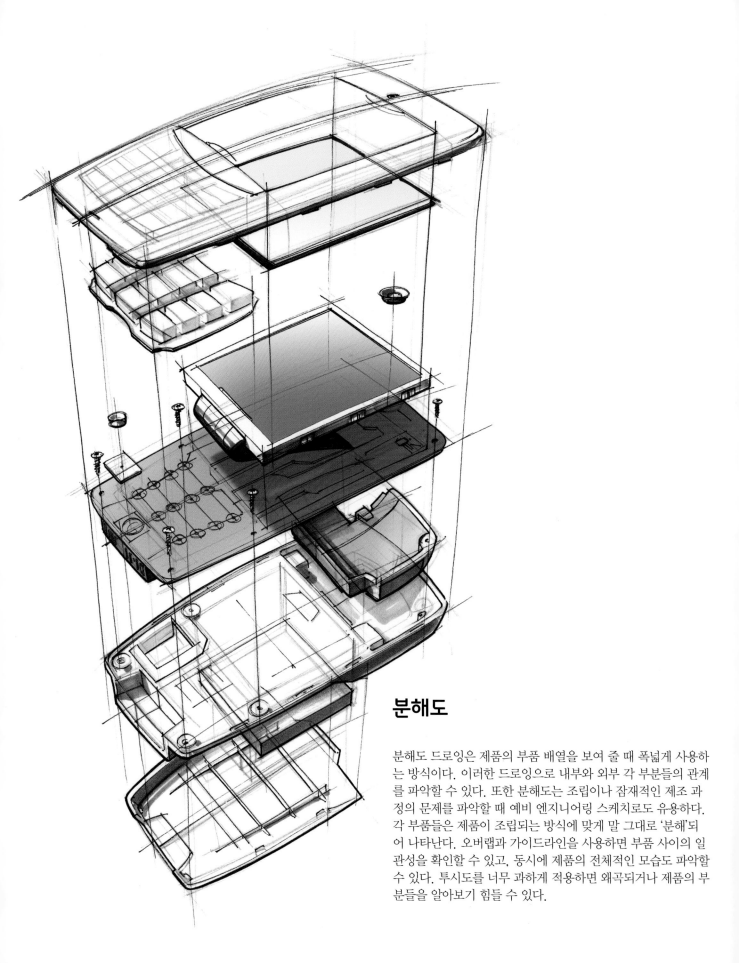

분해도

분해도 드로잉은 제품의 부품 배열을 보여 줄 때 폭넓게 사용하는 방식이다. 이러한 드로잉으로 내부와 외부 각 부분들의 관계를 파악할 수 있다. 또한 분해도는 조립이나 잠재적인 제조 과정의 문제를 파악할 때 예비 엔지니어링 스케치로도 유용하다. 각 부품들은 제품이 조립되는 방식에 맞게 말 그대로 '분해'되어 나타난다. 오버랩과 가이드라인을 사용하면 부품 사이의 일관성을 확인할 수 있고, 동시에 제품의 전체적인 모습도 파악할 수 있다. 투시도를 너무 과하게 적용하면 왜곡되거나 제품의 부분들을 알아보기 힘들 수 있다.

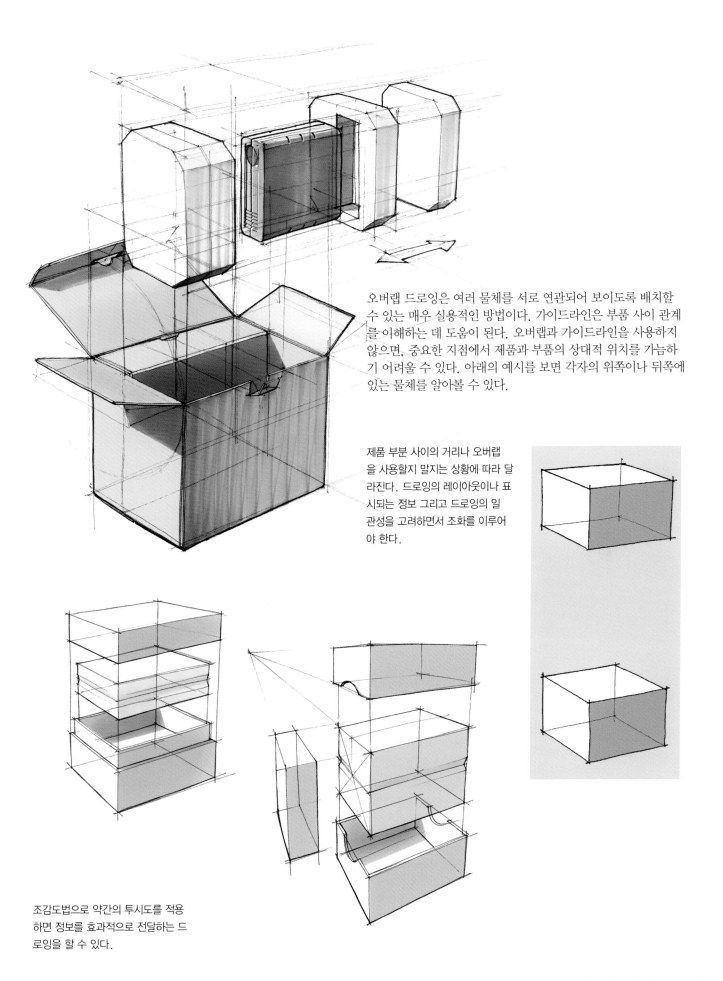

오버랩 드로잉은 여러 물체를 서로 연관되어 보이도록 배치할 수 있는 매우 실용적인 방법이다. 가이드라인은 부품 사이 관계를 이해하는 데 도움이 된다. 오버랩과 가이드라인을 사용하지 않으면, 중요한 지점에서 제품과 부품의 상대적 위치를 가늠하기 어려울 수 있다. 아래의 예시를 보면 각자의 위쪽이나 뒤쪽에 있는 물체를 알아볼 수 있다.

제품 부분 사이의 거리나 오버랩을 사용할지 말지는 상황에 따라 달라진다. 드로잉의 레이아웃이나 표시되는 정보 그리고 드로잉의 일관성을 고려하면서 조화를 이루어야 한다.

조감도법으로 약간의 투시도를 적용하면 정보를 효과적으로 전달하는 드로잉을 할 수 있다.

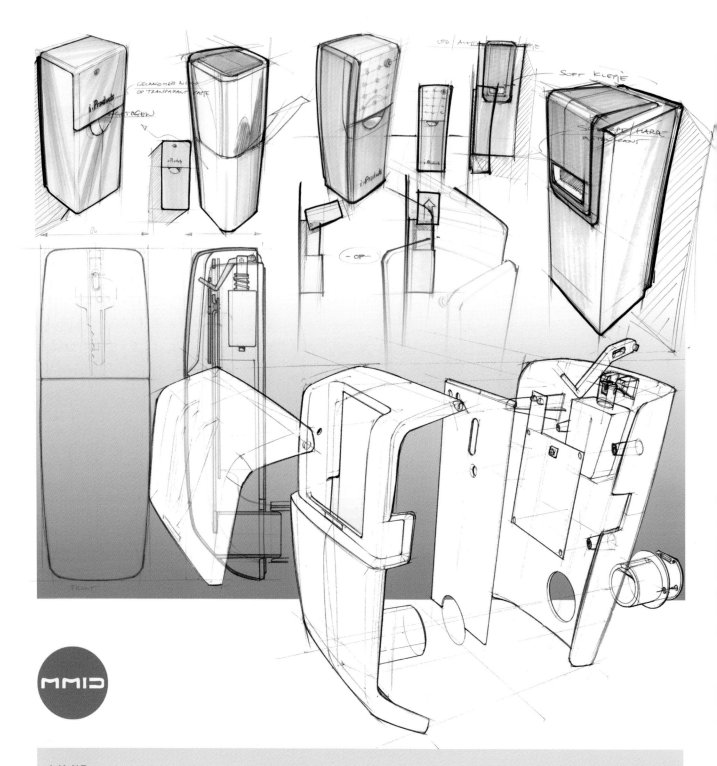

MMID

"2006년 우리는 초기 스케치부
터 최종 제품 단계에 이르기까지
i-Products에 적용될 KeyFree 시스템
을 완벽하게 개발했습니다. 이 시스
템을 대문에 설치하면, 비상시에 핸
드폰을 사용해서 멀리서도 기기 내
부에 있는 열쇠를 꺼낼 수 있습니

다. 열쇠를 쉽게 보관하고 오류 없
이 꺼낼 수 있도록 많은 주의를 기
울였습니다. 제품의 반투명 뚜껑은
열쇠와 안쪽 LED 배터리를 볼 수
있도록 디자인했습니다."

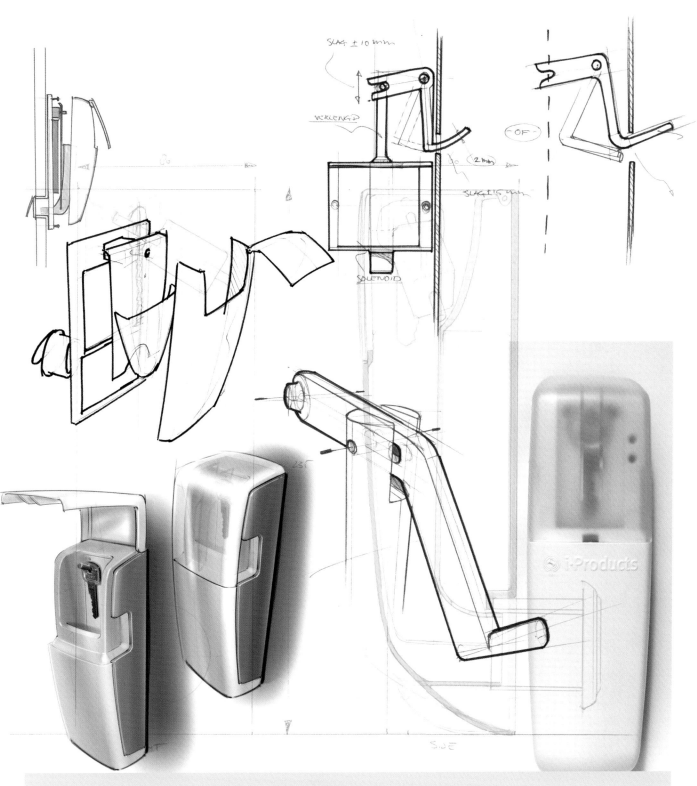

"이미 초기 단계의 첫 아이디어 스케치에서 특별한 콘셉트를 결정했습니다. 아이디어 스케치를 기반으로 제품의 스타일과 예비 엔지니어링 단계를 분명히 할 수 있는 몇 가지 콘셉트 스케치를 제작했습니다. 그 후 곧바로 분해도를 제작했습니다. 또한 콘셉트 이면에 숨어 있는 기술적 아이디어를 전달하기 위해 예비 엔지니어링 스케치를 제작했습니다. 이 스케치들은 CAD 작업을 하기 전, 현 단계를 완성하는 데 필요한 모든 정보를 담고 있습니다."

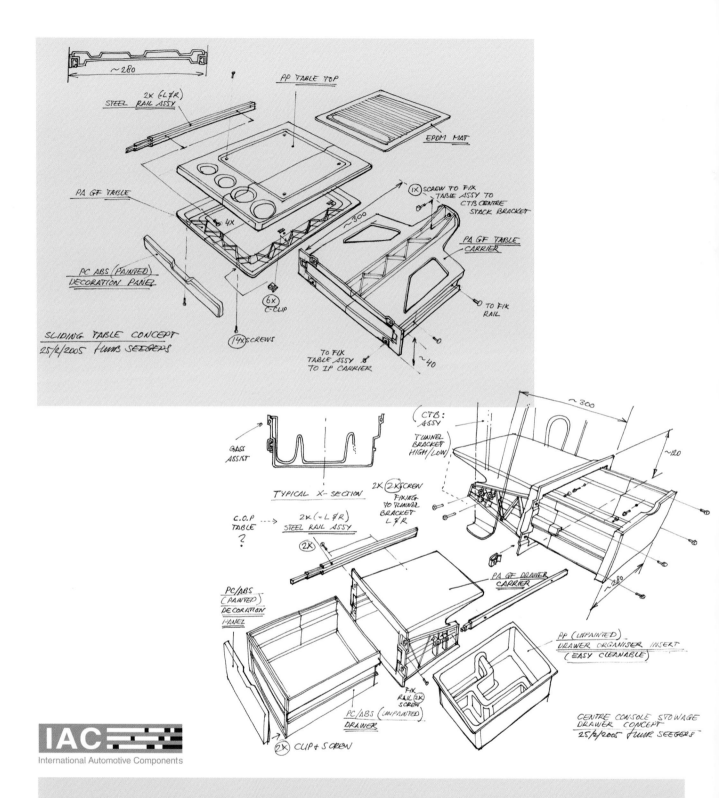

IAC International Automotive Components

IAC 그룹(IAC Group, 독일) - 훕 제거스(Huib Seegers)

예시의 분해도는 트럭 계기판(2005년)에 적용될 슬라이딩 테이블 콘셉트와 중앙 콘솔 저장 공간 콘셉트를 보여 준다. 이러한 스케치는 보통 콘셉트상에서의 투입 비용을 견적 담당자에게 제공하고, 견적을 내보는 데 사용한다.

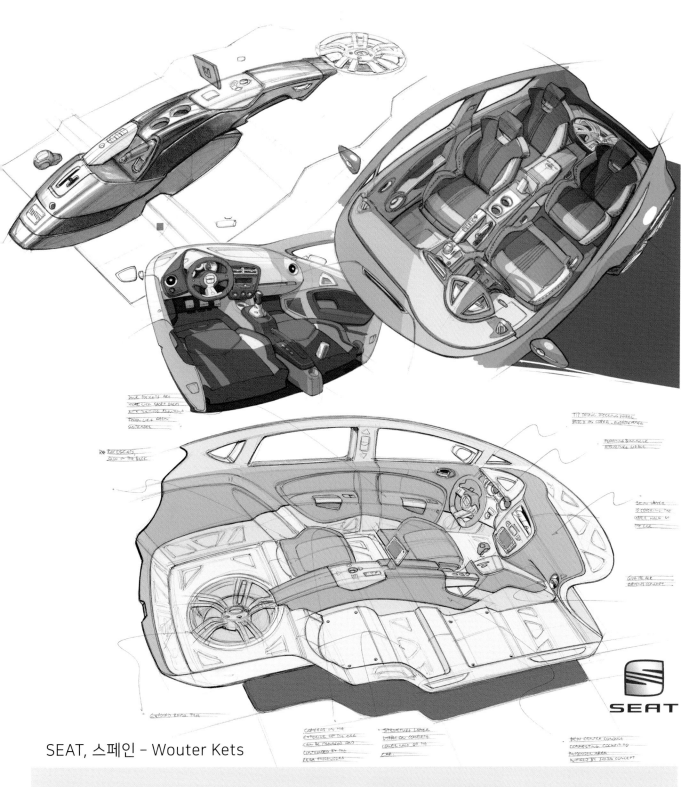

SEAT, 스페인 – Wouter Kets

SEAT의 Leon 시제품은 2005년 제네바 모터쇼(Geneva motor show)에서 공개되었다. 이 프로젝트의 목적은 몇 달 후 출시될 최종모델 Leon에 대한 대중의 관심을 불러일으키는 것이었다. 프로젝트는 제한된 예산으로 단기간에 완성되었다. 팀 내부에서 아이디어 관련 의사소통을 할 때 드로잉을 사용했다. 디자인 관련 세부사항은 실측 사이즈의 모델을 활용해서 직접 해결했다. 드로잉 작업 시 발생했던 난제는 닫혀 있고 복잡한 공간에 적합한 투시도법과 시점을 찾아 전체 및 부분적 차원의 형태 정보를 시각화하는 것이었다. 이는 소위 컷어웨이(cut-away, 바깥쪽의 일부를 잘라서 내부가 보이도록 하는 방법)라고 불리는, 자동차의 일부를 잘라내는 방식의 작업을 통해서 해결했다. 예시의 펜 드로잉은 스캔한 뒤 포토샵으로 채색했다. 그림자는 회색 톤으로 하나의 레이어상에 추가했다. 그다음 다양한 색과 시점으로 구분한 내부를 쉽게 파악할 수 있도록 각각의 색을 별개의 레이어에 첨가했다.

수석 디자이너 : 루카 카사리니(Luca Casarini)

컷어웨이(Cut-away)

물체의 내부나 보통은 숨겨져 있는 부분의 정보를 보여 줄 때 사용할 수 있는 또 다른 방법은 말 그대로 외부의 일부를 잘라서 내부를 드러내는 것이다. 단면도가 해결책이 될 수 있다. 예를 들어 자동차의 엔진 같은 경우 보통 이런 방법으로 표현한다. 프레젠테이션에서 사용되는 전형적인 컷어웨이 드로잉을 여기에서 살펴볼 수 있는데, 제품이 3차원의 단면으로 잘린 모습을 확인할 수 있다. 이러한 드로잉으로 제품 내부 레이아웃에 대한 충분한 정보를 제공할 수 있다. 또한 기술적 드로잉을 이해하는 데 익숙하지 않은 사람들과 의사소통할 때도 유용한 방법이다.

고스팅(Ghosting)

고스팅은 아래쪽 혹은 뒤쪽 부분을 보여 주는 투명한 드로잉 방식이다. 고스팅 방식으로 물체의 내부 혹은 내부의 일부분을 볼 수 있고, 동시에 물체 자체를 제대로 인식할 수 있다. 이 방식을 활용하면 제품 내부와 하우징(커버)의 직접적인 관계를 가시적으로 살펴볼 수 있다. 고스팅 방식으로 재디자인된 하우징 내부의 기존 하위 부품이 어떻게 사용되는지 시각화할 수 있기 때문에 비용 측면에서도 효율적이다.

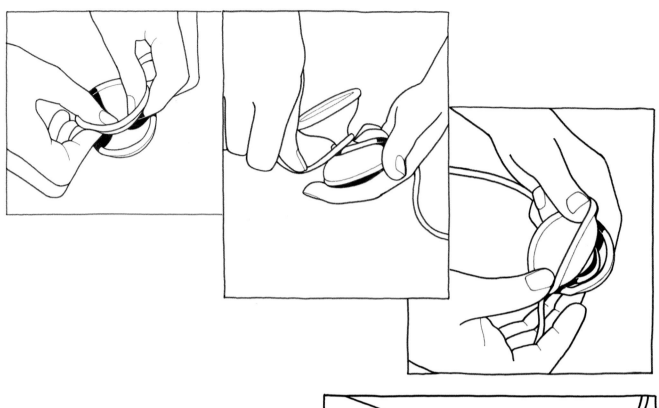

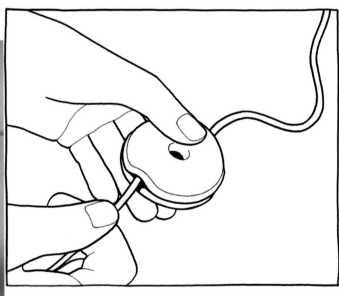

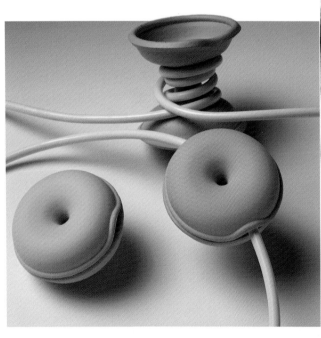

FLEX/the INNOVATIONLAB®

FLEX/혁신랩(FLEX/theINNOVATIONLAB)

클레버라인(Cleverline)의 케이블 터틀(Cable Turtle, 1997)은 놀랍도록 간단한 방법으로 케이블 문제를 해결했다. 이 제품은 현재 뉴욕 현대미술관(MOMA, Museum of Modern Art)의 디자인 컬렉션에 포함되어 있다.

이렇게 새로운 제품의 작동 원리를 설명하려면 제한된 드로잉 방식이 필요했다. 시제품 없이도 고객을 설득할 수 있도록 드로잉이 중요한 역할을 담당했다.

Photography: Marcel Loermans

설명용 드로잉

두 종류의 설명용 드로잉이 있다. 첫째는 비슷한 드로잉이 연속적으로 구성된 것인데, 각각의 부품을 조립해야 하는 가구 등 조립형 제품을 설명하는 드로잉으로 많이 쓰인다. 둘째는 서로 다른 종류의 드로잉을 모아 구성한 것으로, 컴퓨터 설치 방법 등 제품의 일반적인 사용 설명서 등에 많이 쓰인다.

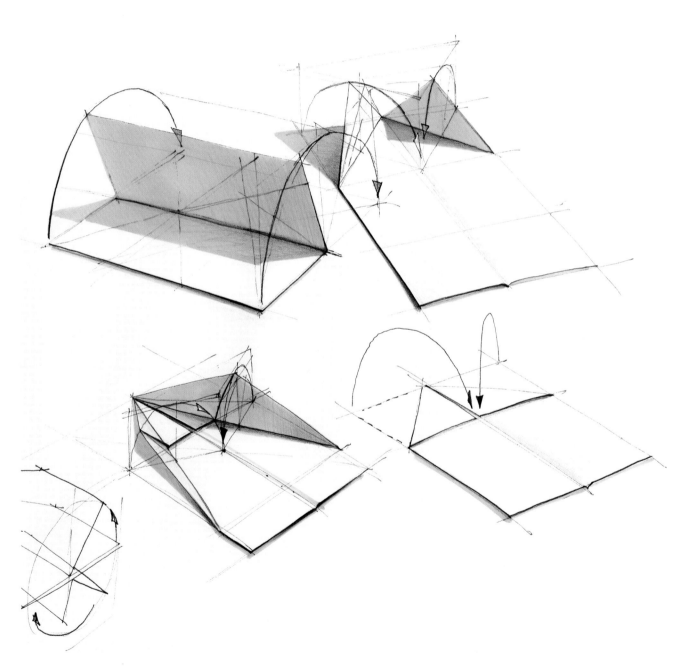

설명서 및 고객의 설명서 이해도에 관한 여러 연구에 따르면, 문화적 배경을 고려해야 하고 국제적으로 통용될 수 있는 시각 언어를 사용해야 한다는 점을 알 수 있다. 보다 효과적으로 설명하려면 일반적으로 한 개 이상의 드로잉이 필요하다. 연속적인 행동의 순서를 연구해 보면 필요한 드로잉의 수와 종류를 결정할 수 있다. 이러한 드로잉의 목적은 정보를 최대한 논리적이고 분명하게 전달하는 것이다. 예를 들어, 예시에서는 화살표를 사용해서 접는 행위를 분명하게 보여 주고 있다.

설명용 드로잉의 순서는 팬케이크를
굽는 과정을 시각화한다.

순서는 논리적이고 이해할 수 있어야 한다. 각 단계별로 클로즈업, 도식 단면도, 상징적 드로잉 등 서로 다른 종류의 드로잉이 필요할 수 있다. 한편, 드로잉의 논리성에만 집중하다 보면 매력적인 드로잉을 완성할 수 없다.
한 요소를 기준으로 다른 요소의 균형을 맞추면 (예를 들어 드로잉의 크기 또는 시점 같은 요소) 보다 역동적인 결과물을 얻을 수 있다.

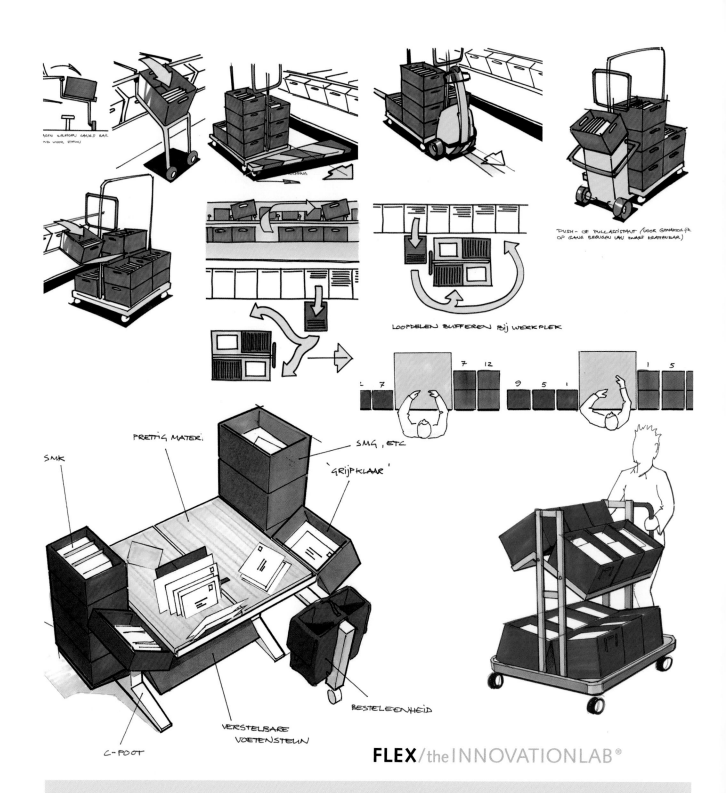

LOOPDELEN BUFFEREN BIJ WERKPLEK

PUSH - OF PULLASSISTANT (VOOR GEMAKKELIK OP GANG BRENGEN VAN ZWARE KRATTENWAR)

7   12

9   5   1

1   5

SMK

PRETTIG MATER.

SMG , ETC

'GRIJPKLAAR'

C-POOT

VERSTELBARE VOETENSTEUN

BESTELEENHEID

FLEX/the INNOVATIONLAB®

FLEX/혁신랩(FLEX/theINNOVATIONLAB)

프로젝트 초기 단계에서 여러 드로잉을 사용해 복잡한 상황을 분석하고 알아보기 쉽게 정리했다. 예시와 같은 전체적인 드로잉으로 처리 및 전송 과정, 작업장, 물건/도구 등의 작은 디자인 영역으로 작업 상황을 분류할 수 있다. 디자이너나 고객이 복잡한 과정이나 세부사항을 이해하는 데 이와 같은 간단하지만 분명한 드로잉이 도움이 된다.

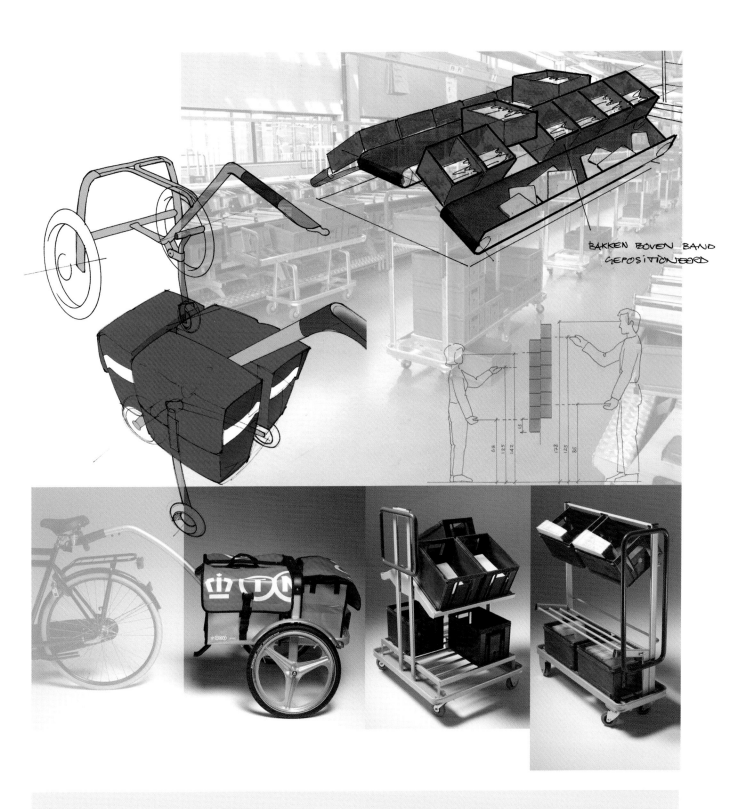

BAKKEN BOVEN BAND
GEPOSITIONEERD

우편 처리 시스템, 2004-2006. FLEX는 네덜란드 우편 회사인 TNT의 우편 수집, 정리, 배송 과정을 최적화하고 개선할 수 있는 보조 기구 개발에 참여했다. 첫째로, 정리된 우편물이 담긴 상자를 모아두거나 임시저장 공간으로 활용할 수 있는 카트를 개발했다. 다음으로, 우편 배달원이 도보 혹은 자전거를 이용해서 배달할 때 사용하는 캐리어를 포함한 전체적인 아이템을 개발했다.

사진 : Marcel Loermans

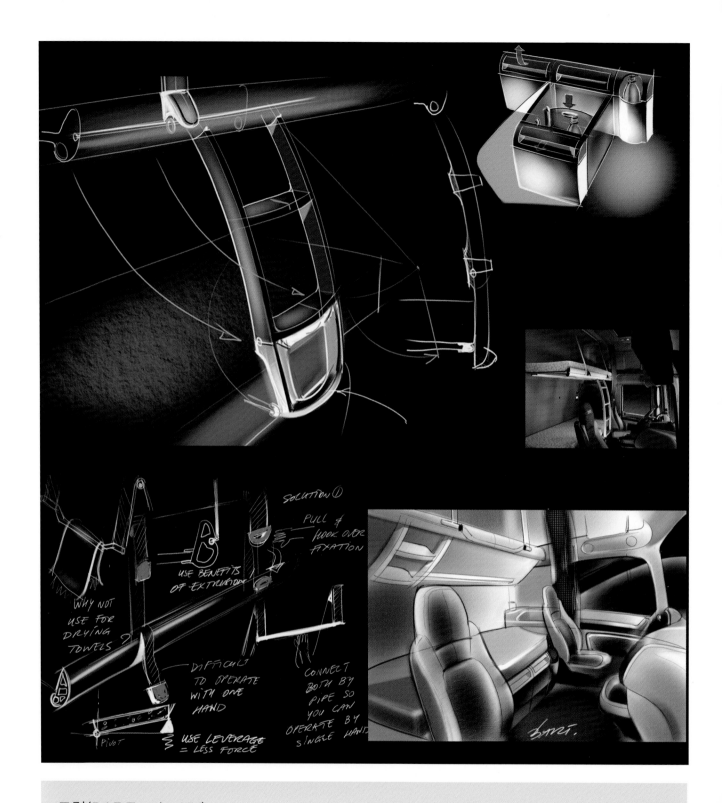

디자이너 : 바트 반 로트링겐(Bart van Lotringen)

트럭(DAF Trucks NV)

상부 침대 리프트 시스템(Easy Lift System). DAF 경량 계단이 어떻게 배치되는지를 보여 줄 때 화살표로 표시된 가이드라인이 유용하다. 바(bar)의 끝부분 단면도는 돌출 식 알루미늄 부분의 형태를 제안하고 설명하는 기능을 한다. 드로잉은 스캔한 뒤 초기의 검은색 선을 흰색으로 바꾸기 위해 포토샵으로 색을 반전시켰다. 그 후 채색 XF105(2006)의 작업과 파란색 선들을 추가했다. 하부 침대 밑에 위치하는 슬라이딩 수납장은 운전자의 손에 쉽게 닿는 거리에 배치했다. 또한 충분한 수납공간을 만들면서도 자유롭게 움직일 수 있는 공간을 확보할 수 있게 컵홀더를 디자인했다.

10장

표면과 질감

재질 표현은 드로잉에 매우 큰 영향을 미친다. 반사, 광택, 질감 같은 표면의 특성을 표현하면 보다 사실적인 제품 드로잉을 할 수 있다. 또 빛이나 그림자와 관련된 배경지식이 필수적인데, 이제 이러한 요소들을 결합하면 된다. 이 작업의 목적은 제품을 사진처럼 사실적으로 그리는 것이 아니라 재료의 특성에 대한 배경지식을 얻는 것이다. 이렇게 효과적으로 질감을 표현하면 결국 디자인 과정에서 의사결정을 하는 데도 도움이 된다.

예시 스케치에서는 보트의 자연스러운 항해 환경을 표현하고 자연적인 빛의 분위기를 나타내는 데 디지털 수채화 기법을 사용했다. 미묘하지만 효과적인 질감 표현을 통해 드로잉이 보다 사실적으로 다가온다. 디자인 자체에서 사람이 중심적인 역할을 한다는 것을 표현하기 위해 대부분의 스케치에 사람 형상을 드로잉했다.

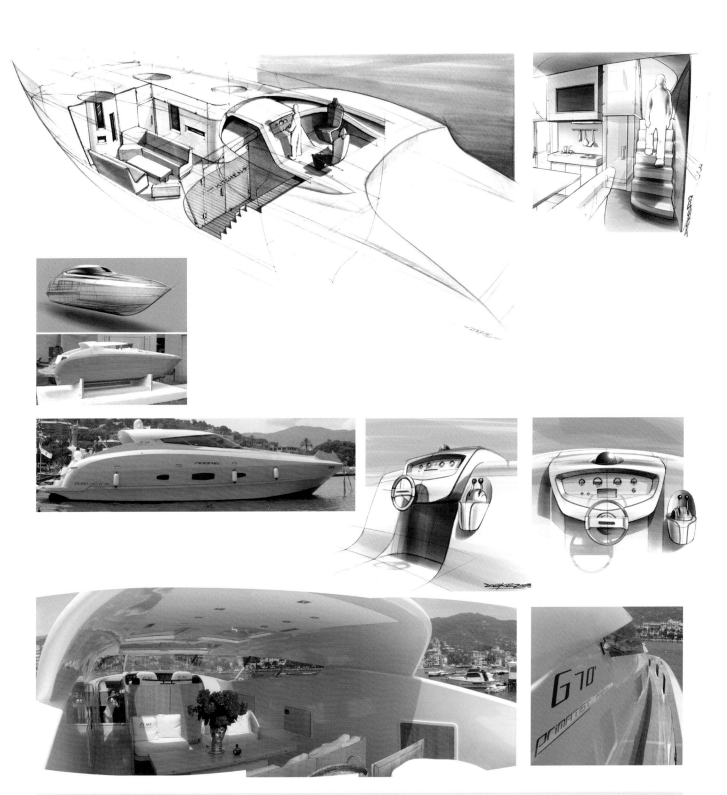

피닌파리나(Pininfarina, 이탈리아) - Doeke de Walle

상류층을 위한 레저 스피드 보트.
보트 디자인의 목적은 객실 입구를 활짝 열어 쏟아지는 자연광으로 보트의 인테리어와 외부 환경을 효과적으로 연결하고, 내부에서 외부로 보이는 풍경을 연출하는 것이다. 스케치는 형태 및 질감과 관련된 정보를 분명하게 전달하고 디자인이 추구하는 분위기를 강하게 표현하고 있다. 공간, 구획, 항해, 시선, 빛과 관련된 정보를 전달할 수 있는 기발한 시점을 선택한 것에 주목해 보자.

반사

분명하면서 강한 인상을 주는 드로잉을 그리려면 재질 표현을 단순화하거나 과장할 수 있다. 여기 스케치에서 반사는 '만들어진' 것이 아니라 비슷하게 '계산된' 것이고, 윗면 처리 표현에서 유사한 모습을 찾아볼 수 있다. 최종 결과물은 사실적인 표현에 초점을 맞추기보다 재료의 특성을 표현하는 데 중점을 두었다. 그림자, 호스, 연결 장치와 같은 본체와 가까이에 있는 주변 배경의 반사 표현은 일반 배경에서 보이는 '추상적인' 반사 표현과 결합되어 강한 대비 효과를 낸다.

반사 표현을 위한 가이드라인

반사는 거울, 크롬, 광이 나는 표면에서 찾아볼 수 있다. 하지만 각 상황에 따라 색감은 다르게 나타난다. 거울에서 물체의 반사색은 그 물체의 색과 동일하다. 파란색의 물체는 거울에서도 파란색으로 보이기 때문이다. 반사의 전체 색 대비는 물체 자체의 색 대비보다 살짝 약하다.

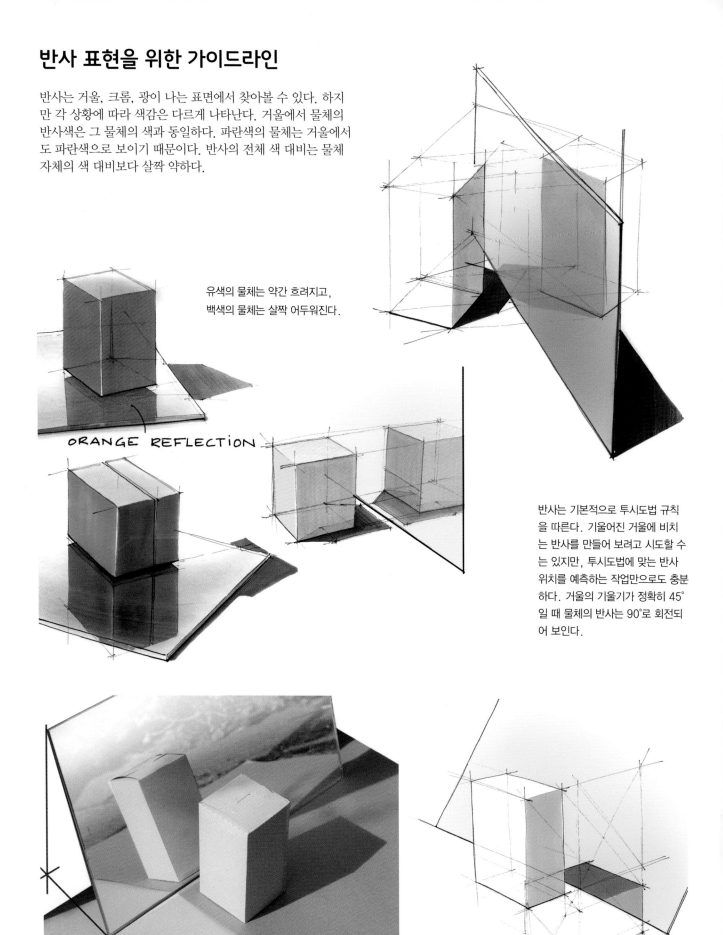

유색의 물체는 약간 흐려지고,
백색의 물체는 살짝 어두워진다.

ORANGE REFLECTION

반사는 기본적으로 투시도법 규칙을 따른다. 기울어진 거울에 비치는 반사를 만들어 보려고 시도할 수는 있지만, 투시도법에 맞는 반사 위치를 예측하는 작업만으로도 충분하다. 거울의 기울기가 정확히 45°일 때 물체의 반사는 90°로 회전되어 보인다.

유광 재질이라면 반사색은 유광 표현과 물체 자체의 색을 혼합해야 한다. 색이 있는 유광 표면에 반사되는 경우 파란색의 물체는 그대로 파란색으로 보이지 않고, 유광 표면의 색에 더 가깝게 나타난다.

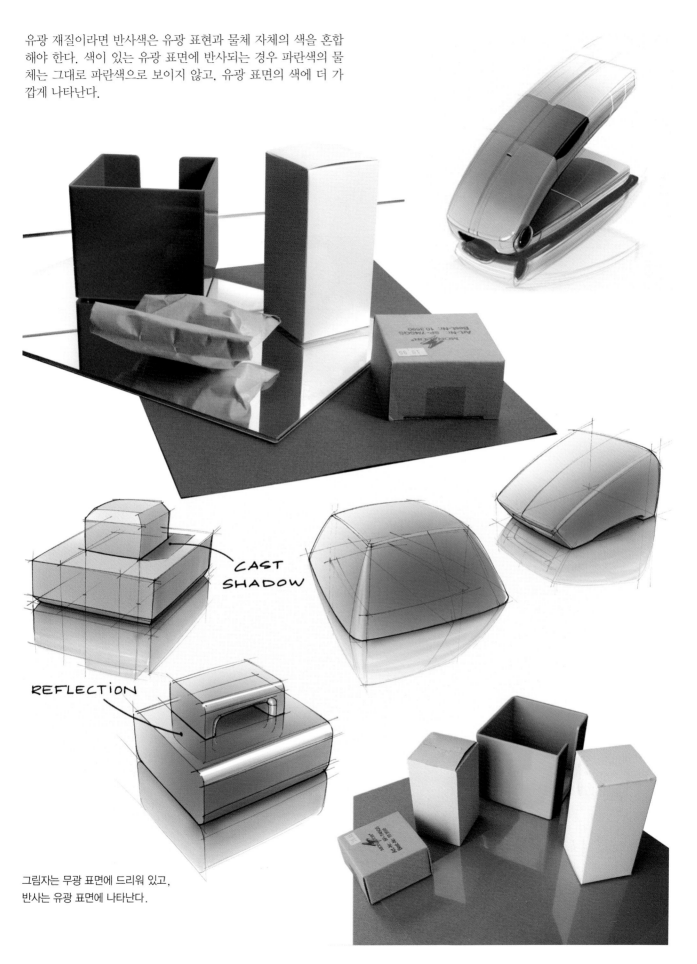

CAST
SHADOW

REFLECTION

그림자는 무광 표면에 드리워 있고,
반사는 유광 표면에 나타난다.

유광 재질

광택이 심한 소재에 나타나는 반사는 그 소재의 색으로 나타난 다. 현실에서는 항상 반사와 그림자가 혼합되어 보인다. 드로잉 할 때 광택 질감을 강조하려면 그림자를 생략하고 주변의 반사 를 채색해서 과장하면 된다. 결과적으로 무광 재질에 비해 유광 재질에서 더 강한 대비 효과가 나타난다.

GREEN REFLECTIONS

RED REFLECTIONS

ABRUPT CHANGES
IN TONAL VALUE

무광 재질

무광택 소재는 채색과 음영 처리로만 표현되는 경우가 많고, 물체 주변이 반사되지는 않는다. 이러한 물체의 그림자에서 부드러운 전환과 적당한 하이라이트를 찾아볼 수 있다.

SOFT TRANSITION

CAST SHADOW

MODEST HIGHLIGHTS

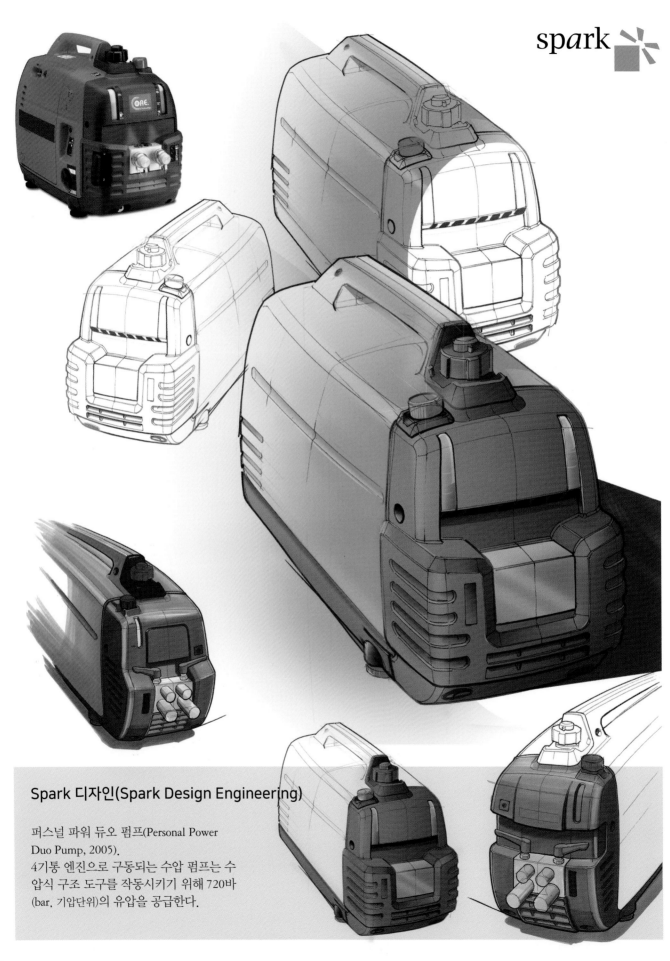

spark

Spark 디자인(Spark Design Engineering)

퍼스널 파워 듀오 펌프(Personal Power
Duo Pump, 2005).
4기통 엔진으로 구동되는 수압 펌프는 수
압식 구조 도구를 작동시키기 위해 720바
(bar, 기압단위)의 유압을 공급한다.

cameras/laserpointers
mounted here

cables

gun rotate 360 degr.

thrusters

clip with balls

gunpoint spits
balls

cooling holes

shoe bottom look

④ LOGO HERE

⑤ SHOULDER
TATTOOS

② WIRES

③ HIGH AND LOW
WINGS

⑥ CAMERAS UNDER
ALL WINGS

⑧ SEE BALLS
INSIDE

springtime ⊛

스프링타임(Springtime)

위든&케네디(Wieden+Kennedy)가 진행한 나이키
(Nike) EMEA(유럽 및 중동·아프리카) 2005의 업그레이드
(UPGRADE!) 축구 캠페인의 일부.
포토샵에서 스케치할 때 선 드로잉을 스캔해서 기본 레이어

로 사용했다. 포토샵의 레이어 블렌딩 모드 중 멀티플라이
(multiply, 두 레이어의 색을 혼합해주고, 전체 분위기가 어두워짐)와
스크린(screen, 두 레이어의 색을 혼합해주고, 더 밝게 나타남) 레이
어로 색조 변화를 만들었다. 이렇게 하면 보다 가시적인 스케
치를 할 수 있다. 스캔한 이미지를 제거하려면 기본 레이어를
사이에 추가해서 작업하면 된다.

디자이너 : Michiel Knoppert 컴퓨터 렌더링 : 미힐 반 이프런(Michiel van Iperen)

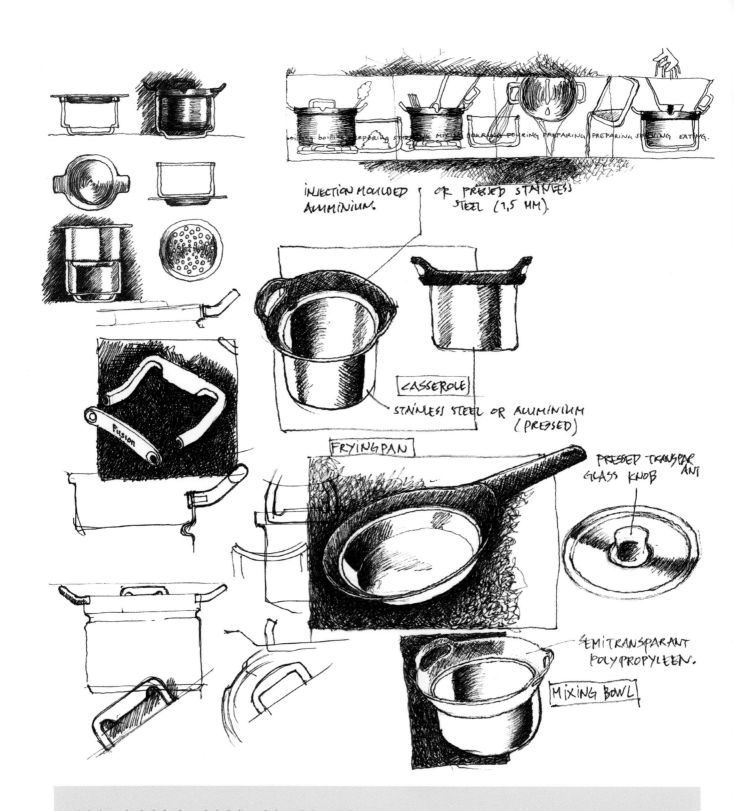

INJECTION MOULDED
ALUMINIUM.

OR PRESSED STAINLESS
STEEL (1,5 MM).

CASSEROLE

STAINLESS STEEL OR ALUMINIUM
(PRESSED)

FRYINGPAN

PRESSED TRANSPARANT
GLASS KNOB

SEMITRANSPARANT
POLYPROPYLEEN.

MIXING BOWL

Fusion

디자인 초기 단계의 펜 스케치에서도 질감 표현이 보인다.
이러한 스케치는 여러 콘셉트 중에서 더 나은 선택을 하도
록 도와준다. 이러한 드로잉으로 다양한 디자인 가능성을
탐색해볼 수 있고, 탐색한 디자인 방향이 냄비의 최종 형태
에 미치는 영향을 탐구하기도 한다.

208

Jan Hoekstra Industrial Design Services

로열 베크(Royal VKB)의 요리기구로 검은색 손잡이가 달린 스테인리스 스틸 조리 기구다.
손잡이와 뚜껑에 달린 스마트 잠금 시스템으로 뚜껑을 잡고 있지 않아도 떨어뜨리지 않으면서 조리 기구에서 물을 뺄 수 있다. 디자인 플러스 어워드(Design Plus Award 2002), 레 드닷 어워드(Red Dot Award 2003), Grand Prix de l'Arte 2004, M&O 컬렉션(Collection M&O) 2006.

사진 : Marcel Loermans

크롬

크롬 소재는 그 자체가 색을 가지고 있다기보다 대부분 반사되어 표현된다. 이 점에서 거울과 같다고 할 수 있다. 크롬 소재에 나타나는 반사는 강력한 대비를 이룬다. 검은색과 흰색의 조합과 함께 반사된 하늘이나 땅을 표현할 때 사용하는 코발트블루나 황갈색이 드로잉에 자주 사용된다. 예시의 토스터 드로잉 같이 반사면에서 나타나는 왜곡된 형태를 통해 곡선이 어디에서부터 시작하는지 알 수 있다. 이러한 왜곡된 형태들은 위의 드로잉에서도 찾아볼 수 있다. 굴곡지거나 원기둥 형태에서 주변 환경이 반사된 모습은 압축되어 곡면의 세로 방향으로 줄무늬처럼 보인다. 반면 물체와 가까이에 있는 주변 반사 형태는 보다 두드러지고, 각 상황에 따라 독특한 형태로 나타난다.

매우 간단한 주변 환경 안에서도 복잡한 반사가 나타날 수 있다. 드로잉할 때 물체의 형태를 잘 드러낼 수 있는 반사 표현이 가능하도록 분명하고 간단한 주변 환경을 조성하는 것이 중요하다.

예를 들어 수직으로 서 있는 원기둥과 비교했을 때 수평으로 누워 있는 원기둥 형태는 주변 배경 반사보다는 훨씬 더 넓은 영역의 밝은 하늘이 반사되어 나타난다. 이러한 이유로 수직 원기둥 보다 수평 원기둥 형태가 외관상 더 밝은 느낌을 연출한다.

유광 재질 표면을 표현하려면 흑백 대비가 필요하다. 유색 환경에 드로잉을 배치하면 흑백 대비의 필요성이 더 분명하게 나타난다. 여러 반사 표현이 직관적으로 표현되어 있는데, 이러한 드로잉은 반사 자체를 사실적으로 나타내기보다는 소재의 특성을 사실적으로 보여 주는 데 목표를 두고 있다.

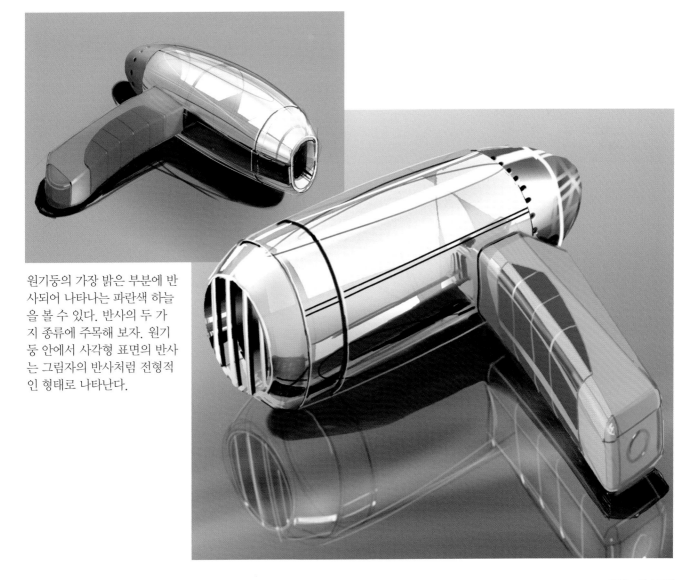

원기둥의 가장 밝은 부분에 반사되어 나타나는 파란색 하늘을 볼 수 있다. 반사의 두 가지 종류에 주목해 보자. 원기둥 안에서 사각형 표면의 반사는 그림자의 반사처럼 전형적인 형태로 나타난다.

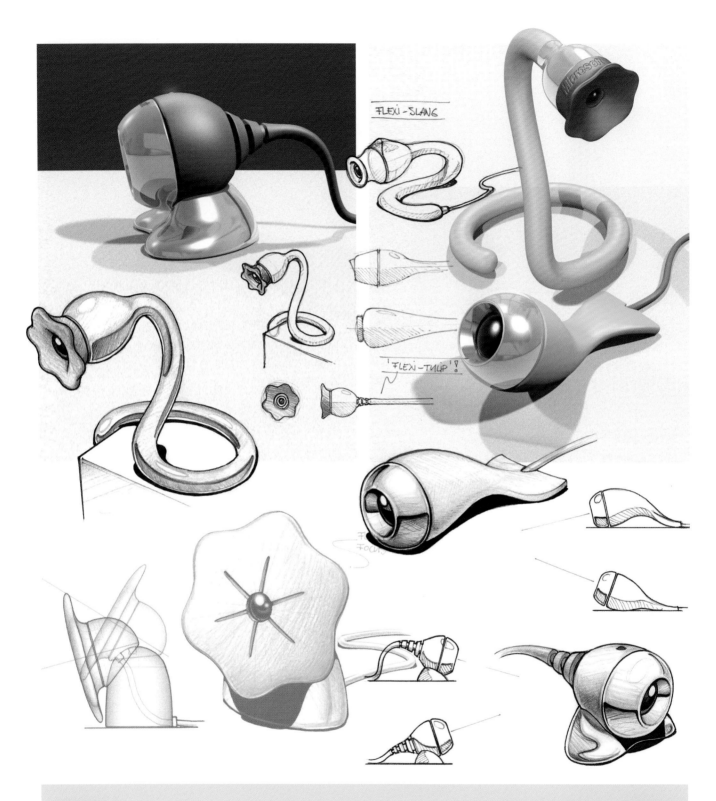

FLEXI - SLANG

'FLEXI - TULIP'!

WAACS

원초적인 감성. 당신은 이러한 감성을 타고났고, 제품 또한 그렇다. 제품들은 원초적 감성을 가지고 있거나 그렇지 않거나 둘 중 하나인데, 대부분 가지고 있지 않다. 1999년 마이크로소프트(Microsoft Corporation)와 레드몬드(Redmond)가 WAACS와 접촉했고, 이 원초적 감성에 이끌렸다. 그 이후 다수의 하드웨어와 소프트웨어 프로젝트를 계획했다. 여기 3개

의 PC 웹캠 콘셉트 스케치들은 같은 제품 군으로 보일 만큼 충분히 유사하지만, 3개의 각각 다른 시장을 대표하는 전형적인 예가 될 만큼 서로 다른 모습을 하고 있다. 제품들 모두 조그만 애완동물을 연상시킨다.

VAN HOOYDONK

BMW(BMW Group, 독일)
- 아드리안 반 호이동크(Adriaan van Hooydonk)

BMW 1 시리즈 개발 초기 단계의 스케치다. 아드리안 반 호이동크의 스케치를 기반으로 여러 디자인 제안은 물론 실측 크기 모델이 탄생했고, 크리스 챔프만(Chris Chapman)이 최종 디자인을 담당했다. 자동차 디자인에서 질감 표현은 강한 인

상을 준다. 완벽한 표면 처리는 반사 표현에 따라 평가된다. 자동차 디자이너들은 자신의 디자인 제안서에서 이러한 반사 표현을 적용한 고급 드로잉 기술을 보여 준다. 예시에서는 모조지(Vellum) 위에 마커와 파스텔로 드로잉하고 흰색 페인트로 하이라이트를 추가했다.

유리

유리 소재는 세 가지의 주요 특징(투명성, 반사, 왜곡)을 가지고
있다. 명백한 투명성 외에도 반사와 왜곡이 중요한 작용을 한
다. 빛이 반사되는 곳에서 유리 소재는 덜 투명하게 보인다. 은
은한 빛으로 인한 약한 반사가 일어나기 때문에 유리를 통해서
보이는 주변 환경은 항상 더 희미하게 나타난다.

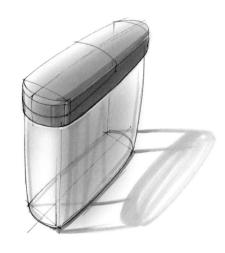

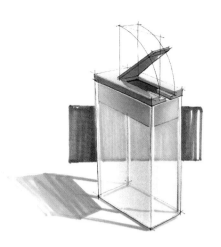

왜곡 현상은 굴곡진 형태 또는 원기둥 유리 형태에서 나타나며, 윤곽선 가까이에서 더 두드러진다. 또한 유리는 모서리 부근에서 투명도가 떨어진다. 투명한 재료의 두꺼운 부분에서는 어두운 반사와 하얀색의 밝은 반사가 같이 나타난다.

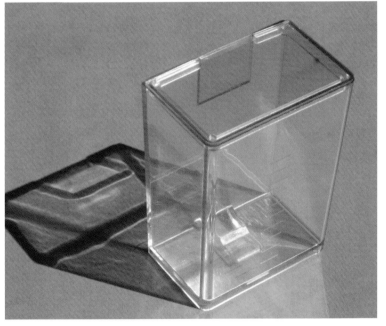

제품의 속이 비치는 형태를 표현하려면 색이 있는 추상적인 배경을 사용하면 된다. 이를 통해 하이라이트를 돋보이게 할 수 있다. 투명한 소재를 통과하는 그림자는 더 밝게 보인다.

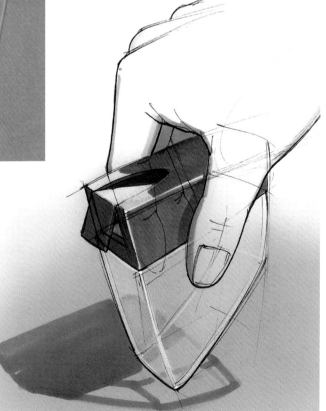

질감과 그래픽

표면은 특정한 질감을 가지고 있다. 자세히 살펴보면 많은 표면 질감이 자동차 타이어의 접지면과 유사하다는 것을 알 수 있는데, 타이어 접지면은 흑백 선만 사용했을 때 보이는 움푹 파인 부분과 돌출된 부분으로 이루어진다. 수작업이든 3D로 디지털 작업한 것이든 렌더링한 것이든 상관없이 이러한 질감을 표현할 때는 선 원근법과 대기 원근법 그리고 빛의 조건까지 고려해야 한다.

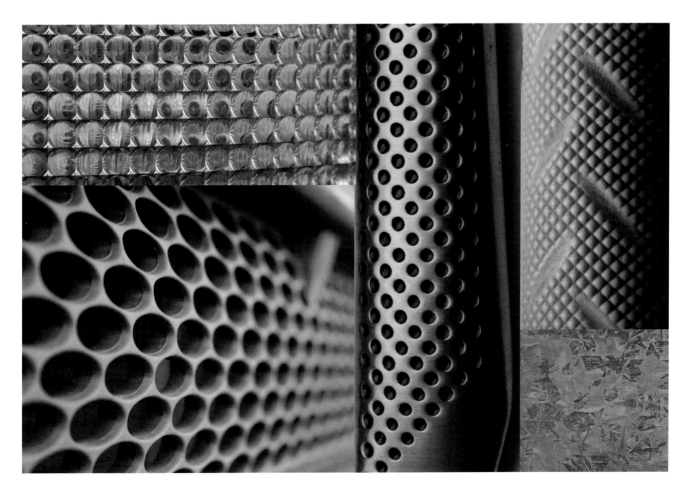

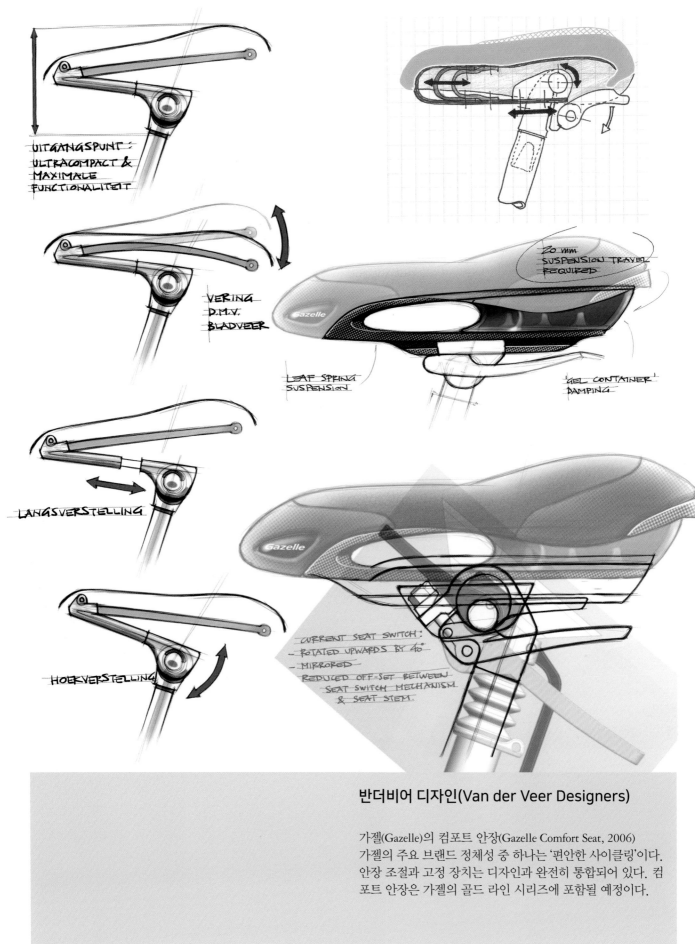

UITGANGSPUNT:
ULTRACOMPACT &
MAXIMALE
FUNCTIONALITEIT

VERING
D.M.V.
BLADVEER

LEAF SPRING
SUSPENSION

20 mm
SUSPENSION TRAVEL
REQUIRED

GEL CONTAINER
DAMPING

LANGSVERSTELLING

HOEKVERSTELLING

CURRENT SEAT SWITCH:
- ROTATED UPWARDS BY 40°
- MIRRORED
- REDUCED OFF-SET BETWEEN
  SEAT SWITCH MECHANISM
  & SEAT STEM.

반더비어 디자인(Van der Veer Designers)

가젤(Gazelle)의 컴포트 안장(Gazelle Comfort Seat, 2006)
가젤의 주요 브랜드 정체성 중 하나는 '편안한 사이클링'이다.
안장 조절과 고정 장치는 디자인과 완전히 통합되어 있다. 컴
포트 안장은 가젤의 골드 라인 시리즈에 포함될 예정이다.

고객 : 가젤 디자이너 : 릭 데 루베르(Rik de Reuver), 알베르트 니우엔하위스(Albert Nieuwenhuis)

TWO-TONE COVER

Gazelle
SUSPENSE
by Selle Royal

3 SADDLE SIZES
COMPARABLE TO:
- JEWEL
- FREEDOM
- LOIRE
AS CURRENTLY
SUPPLIED

STYLED
PARTS!

PLASTIC
LEVER

POSSIBILITY TO
INTRODUCE
FI'Z'IK SADDLE-
BAG CLIP IN
BACK OF RAIL

SEAT SWITCH

LEVER DOUBLES AS
SADDLE - GRIP

Gazelle

SEAT SWITCH

STRONG WISH
FOR
WIDTH ADJUSTMENT!

INDEPENDENT
SUSPENSION

2/7/2004

van der
veer
designers

Gazelle

디지털 스케치는 여러 레이어 드로잉으로 디자인을 개념화할
수 있는 다양한 가능성을 제공한다. 소재와 질감 표현도 쉽게
적용할 수 있고 콘셉트를 홍보하는 데도 도움이 된다.

나무, 천, 털 같은 질감이나 예시처럼 합성소재 같은 경우는 세
심한 주의를 기울여야 한다. 엮인 질감의 단축 표현 외에도 소
재 자체의 특성을 반드시 표현해야 한다. 채도나 밝기와 같은
색조, 대비, 반사의 정도, 광택 같은 특성은 소재를 표현하는
데 중요한 역할을 한다.

11장

빛을 내는 물체 표현하기

물체가 빛을 낸다면, 그 광원은 사진이나 드로잉에서 가장 밝은 영역으로 인식되어야 한다. 눈에 보이려면 물체는 빛을 내야한다. 광원 사진이나 드로잉은 광원 자체와 빛의 세기 사이에서 균형을 이루어야 한다.

marcel wanders © studio

section 1   section 2

Marcel Wanders Studio

"많은 램프 중에 세계 10위 안에 드는 최고의 램프 리스트가 있습니다. 아킬레 카스티글리오니(Achille Castiglioni)가 1960년대 초반에 디자인한 'cocoon (코쿤)' 램프가 그중 하나죠. 저는 아킬레를 삼촌이라고 부릅니다. 그는 제가 디자이너로서 첫 발을 뗐을 때부터 항상 제 옆에 있어 주었고, 저는 그를 가족이라고 여기기 때문입니다. 1년 뒤 제가 디자인 학교에서 쫓겨났을 때, 그리고 제 첫 번째 목재 램프인 'rocking (로킹)'을 만들면서 제 방을 다 태워버렸을 때도 아킬레는 제 옆을 지켜 주었습니다. 그는 우리가 소위 '만질 수 없는 가벼움 (the untouchable lightness)'이라고 부르는 것에 정체성을 부여했고, 저는 아킬레에게 항상 많은 영감을 받았습니다. 그리고 여전히 가끔 그는 제 어깨를 두드리고, 저는 고개를 돌리고…잠시 생각에 잠기며…미소 짓게 됩니다. 저는 새롭게 종이 한 장을 들고 다시 아킬레의 빛의 그림자를 채우기 시작합니다. 이제 저는 저만의 cocoon 램프를 만들게 되었습니다. 이름을 새롭게 'Zeppelin(체펠린)'이라고 지은 것을 그가 용서해주기를 바랍니다."

체펠린(Zeppelin), 플로스(Flos S.p.A.) 의뢰, 2005

디자이너 : Marcel Wanders 사진 : 플로스, 이탈리아

222

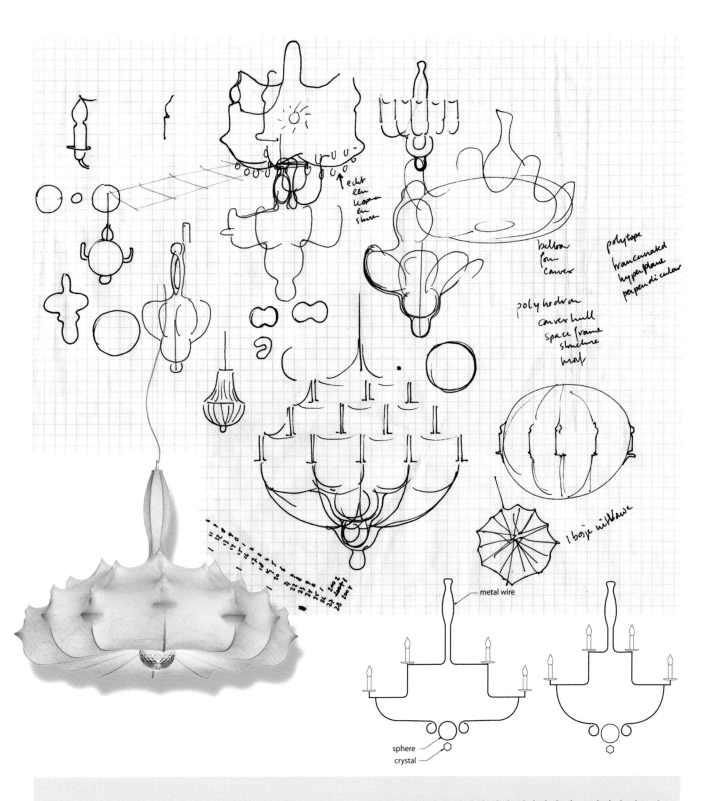

초기 드로잉에서 형태에 관한 대략적인 탐구 작업이 이루어
진 것을 볼 수 있다. 다음 단계 스케치에서 물체의 형태는 보
다 완성되었고 아이디어도 형태 차원에서 더욱 분명해졌다.
하지만 초기 스케치에서도 이미 최종 형태의 특징이 잡히기
시작했다.

빛이 표면에 드리우게 되면 광원으로부터 멀어지는 것이기 때문에 당연히 빛의 세기가 약해진다.

밝은 빛을 내는 물체

광원의 종류는 다양하다. 광원을 인식하고 드로잉할 때 몇 가지 기본적인 상황이 있다. 빛이 무언가에 비치는지 아닌지에 따라 확연한 차이가 생긴다. 그뿐만 아니라 빛의 세기와 색 또한 중요하다. 빛을 내는 물체를 가장 잘 표현하려면 램프를 검은 배경에 놓아야 한다.

자기 램프는 제조 과정에서 변형되고, 이에 따라 독특한 형태의 램프가 만들어진다.

스튜디오 프레더릭 로이헤(Studio Frederik Roijé)의 지지대가 없는 '스파인리스 램프(Spineless lamps)', 2003

Biodomestic (바이오도메스틱),
2001. 유럽 디자인 대회 '미래의 빛
(Lights of the future)' 수상작품

디자인 & 사진 : 휴고 팀머만(Hugo Timmermans)과 빌렘 반 더 슬라우스(Willem van der Sluis)

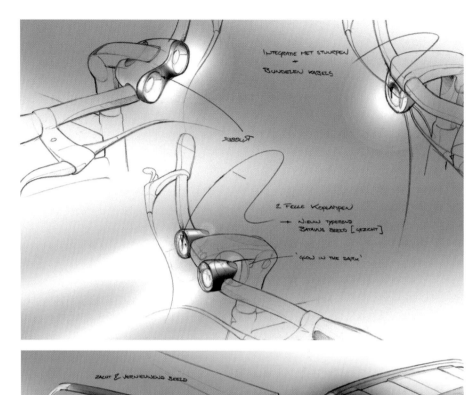

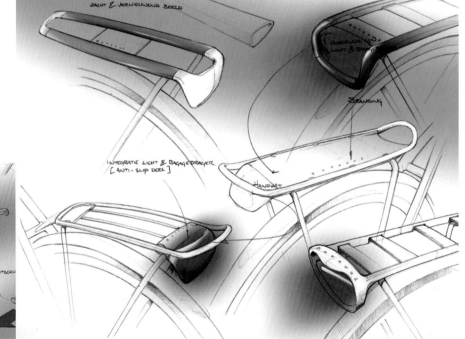

FLEX/theINNOVATIONLAB®

FLEX/theINNOVATIONLAB

일반 자전거, 바타부스(Batavus) 의뢰, 2002.
프로젝트 중 하나로 램프나 짐을 실을 수 있는 공간처럼 새로운 자전거 액세서리를 개발했다. 드로잉에서 빛이 나는 부분을 가장 밝게 처리하는 방식으로 빛을 내는 물체를 표현했다. 일단 에어브러시를 이용해서 빛을 내는 물체 주위를 어둡게 처리한다. 후미등은 밝고 채도가 높은 붉은색으로 표현했다.

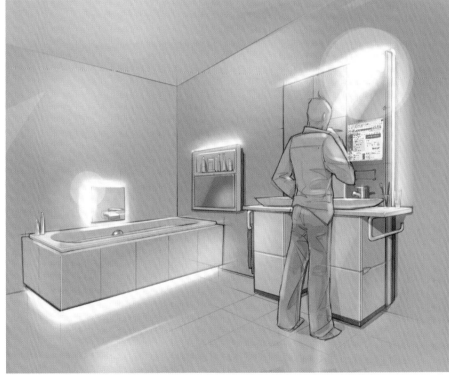

파일럿 제품 디자인(Pilots Product Design)

미래의 콘셉트 욕실, 욕실 브랜드 비트라(Vitra Bathrooms) 의뢰, 2004.

건강하고 편안한 욕실을 만들기 위해 전자제품을 통합하는 연구를 진행했다. 이에 따라 전선을 넣을 공간이 있는 모듈 타일 시스템이나 인터넷 연결 또는 무드 조명 등을 포함한 다양한 제품의 방향성을 모색했다. 또한 페인터를 디지털 스케치 도구로 이용해서 프레젠테이션을 개선했다. 첫째로 분명한 콘셉트를 보여 주고, 사람 형상을 드로잉에 첨가했다. 그다음 무드 조명(어두운 욕실 드로잉에서 더 잘 드러난다)을 보여 주고 드로잉 분위기와 어울리는 음악을 틀었다. 그 후에 영상과 인터넷 브라우저를 벽에 띄워 보여 주었다.

디자이너 : Stanley Sie 와 Hans de Gooijer

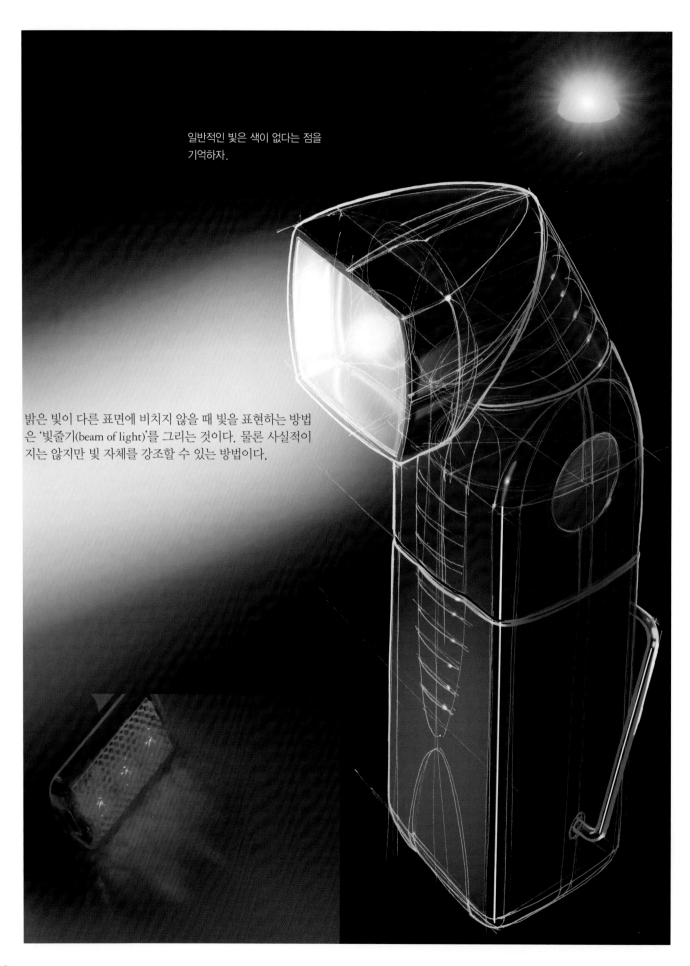

일반적인 빛은 색이 없다는 점을
기억하자.

밝은 빛이 다른 표면에 비치지 않을 때 빛을 표현하는 방법
은 '빛줄기(beam of light)'를 그리는 것이다. 물론 사실적이
지는 않지만 빛 자체를 강조할 수 있는 방법이다.

228

은은한 빛을 내는 물체

백라이트(Backlights)나 표시등 같은 빛도 밝게 표현해야 한다. 채도가 높고 밝은 색상은 유색의 빛을 표현하는 데 가장 적합하다. 어둡거나 회색처럼 화려하지 않은 색을 배경으로 빛이 둘러싸여 있을 때 가장 큰 효과를 낼 수 있다.

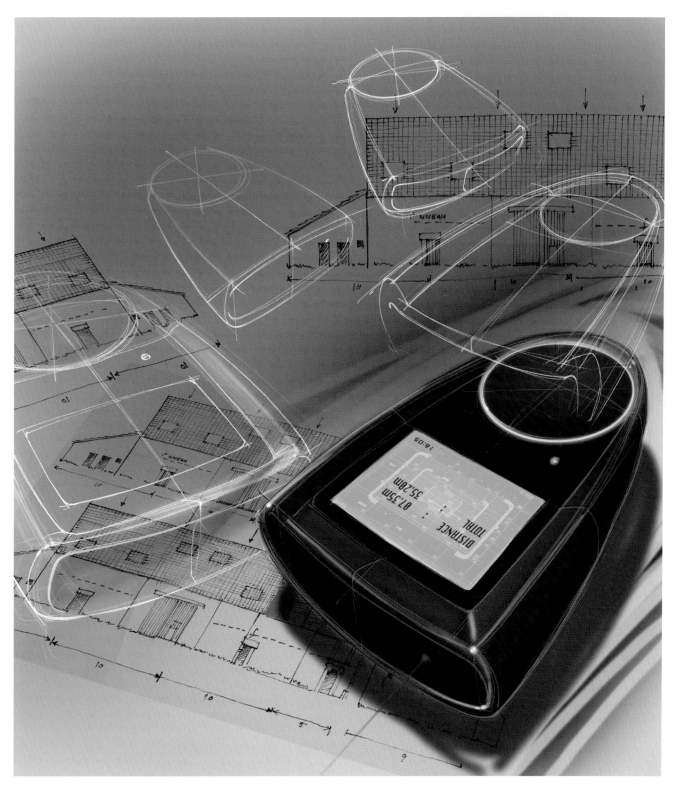

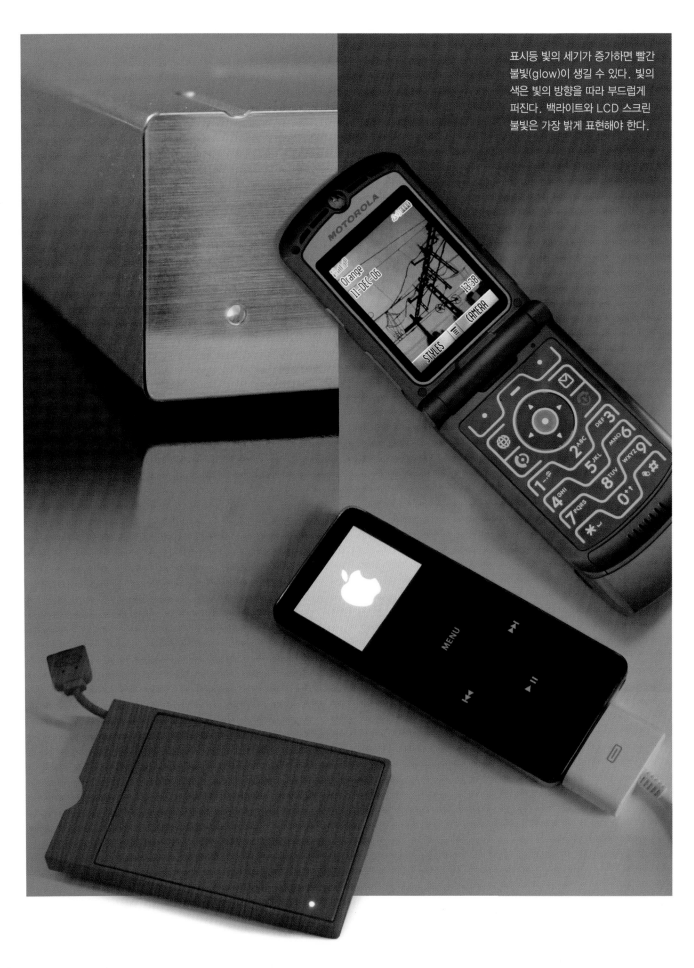

표시등 빛의 세기가 증가하면 빨간
불빛(glow)이 생길 수 있다. 빛의
색은 빛의 방향을 따라 부드럽게
퍼진다. 백라이트와 LCD 스크린
불빛은 가장 밝게 표현해야 한다.

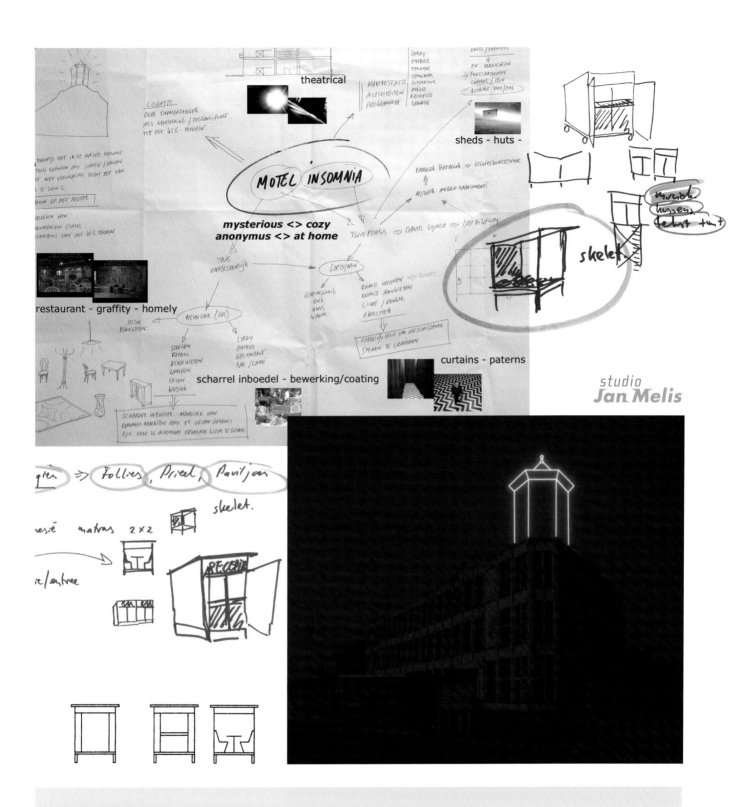

Studio Jan Melis

작은 드로잉과 텍스트, 참고용 사진은 '마인드 맵핑(mind mapping)' 작업과 디자인 방향성을 모색할 때 사용한다. 로테르담(Rotterdam)에서 활동하는 VHP 건축가들의 계획에 따르면,

블리싱겐(Vlissingen)의 KSG 지역에 위치한 목수 공장은 새로운 호텔을 지을 부지였다. '모텔 인솜니아(Motel Insomnia, 2007)' 프로젝트를 통해 이 기념비적인 빌딩의 잠재력과 문화적으로 유의미한 주위

환경을 살펴볼 수 있었다. Studio Jan Melis은 호텔의 외부 및 내부 디자인을 맡았다.

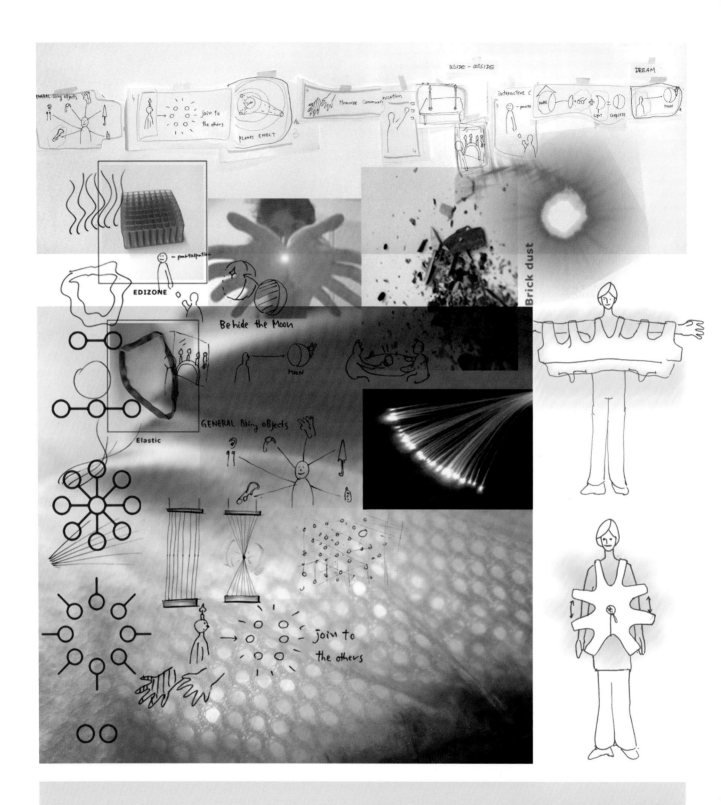

'지식 스케치하기(Sketching Knowledge)'라고 불리는 과정에서 참가자들은 빛에 관한 그들의 지식과 생각을 나누었고, 이러한 논의를 바탕으로 작은 스케치를 제작했다. 이후 글자와 사진을 사용해 하나의 이야기를 제작했다. 이 과정 동안 새로운 유형을 만들어 내고 디자인 설루션과 제안을 시각화하기 위해 작은 스케치들을 그렸고, 그 스케치를 분류해서 모았다.

Jacob de Baan, 켄 요코미조(Ken Yokomizo) 와의 협업

빅 문 배드(Big Moon Bad, OptilLED와의 협업, 2006).
램프와 웨어러블 제품 컬렉션이다. 이 프로젝트는 인테리어
디자인 및 패션 디자인과 모두 연관되어 있다.

제품 사진 : 크리스프(Crisp photography) 모델 사진 : 로렌조 바라시(Lorenzo Barassi)

원래의 하얀 배경에 검은색 선으로
그린 드로잉의 색을 반전시키면 뿜
어져 나오는 빛 효과를 빠르게 표현
할 수 있다.

12장

드로잉은 다양한 목적으로 제작되고 아이데이션이나 브레인스토밍, 설명적인 드로잉처럼 다양한 의사소통 상황에서 활용된다. 특히 디자인 분야에 종사하지 않는 경영진이나 고객, 후원사들에게 프레젠테이션 하거나 아이디어를 설명할 때도 드로잉을 사용한다. 이러한 사람들을 참여시키려면 특별한 종류의 드로잉이 필요하다. 특별한 드로잉은 제품 자체뿐만 아니라 제품이 실제 상황에 적용되는 방식을 보여 주는데, 제품 아이디어를 보다 이해하기 쉽고 설득력 있게 만들어준다.

제품은 사람과 연관되어 있고, 드로잉을 할 때 제품이 실제 사용되는 상황으로 연출하면 그 드로잉은 보다 생생하고 이해하기 쉽게 전달될 수 있다. 예를 들어 제품의 크기를 보여 주고, 제품을 설명하기 위해 사람을 그려 넣거나 사진과 함께 결합시켜서 드로잉을 제작하는 것이다. 보다 더 현실감 있게 표현된 아이디어는 분명하게 전달되고 설득력을 갖출 수 있다.

포토로망(Roman Photo) – 테르스헬링섬(Terschelling)에서 열리는 우롤 페스티벌
(Compañia de Teatro Gran Reyneta at the Oerol Festival, Terschelling 2006)

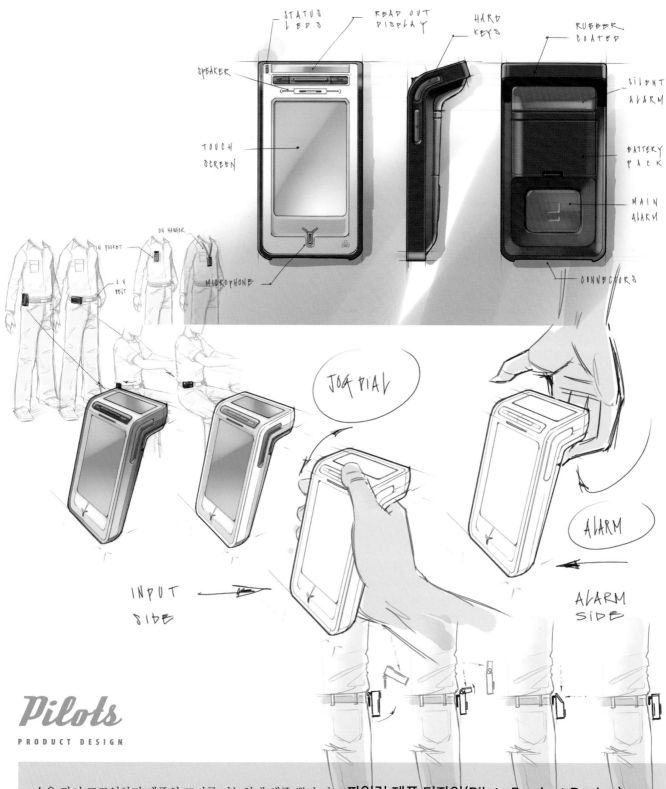

STATUS LEDS

READ OUT DISPLAY

HARD KEYS

RUBBER COATED

SPEAKER

TOUCH SCREEN

SILENT ALARM

BATTERY PACK

MAIN ALARM

MICROPHONE

CONNECTORS

IN POCKET

ON HANGER

ON BELT

JOG DIAL

ALARM

INPUT SIDE

ALARM SIDE

Pilots
PRODUCT DESIGN

손을 같이 드로잉하면 제품의 크기를 가늠하게 해줄 뿐만 아 니라 사용 방법을 알려주기도 한다. 예시에는 두 개의 스크린 을 가지고 있는 인터페이스의 직관적인 특성이 강조되어 있 다. 케이스에서 기기를 꺼내고, 상단의 작은 스크린에서 큰 메인 디스플레이로 가볍게 건너뛰어 전화를 걸 수 있는 기능 이 잘 표현되었다. 사람이 그려진 언더레이 밑그림은 케이스 를 장착할 수 있는 다양한 위치를 보여 준다.

파일럿 제품 디자인(Pilots Product Design)

PDA, 콘셉트 제안, 2006.
이 기기의 첫 번째 콘셉트 디자인이다. 쉽게 누를 수 있는 알 람 버튼과 메시지 수신 시 사용되는 두 번째 스크린을 활용해 서 보안성과 안정성 측면을 강조했다.

디자이너 : Stanley Sie 와 Hans de Gooijer

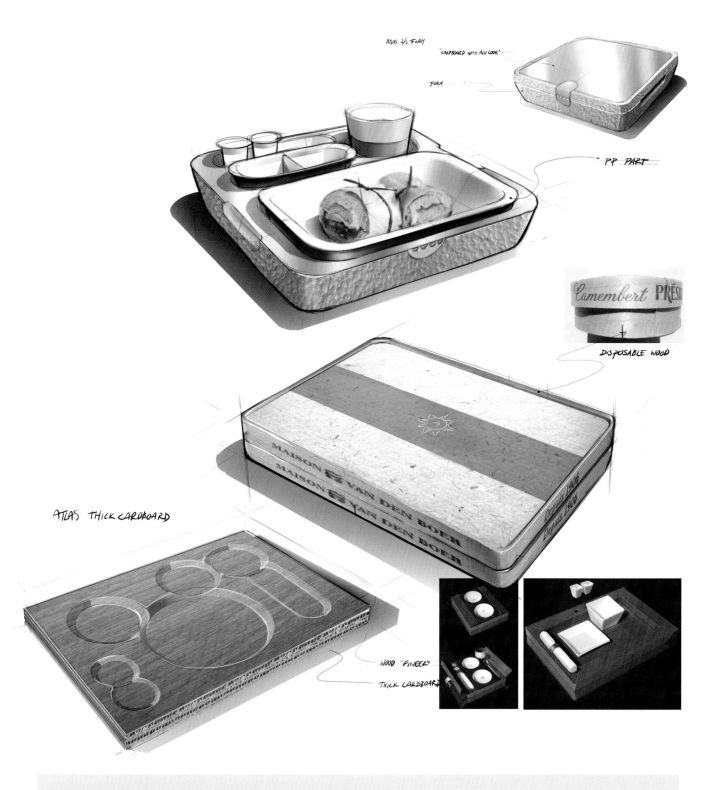

ATLAS 2/3 FOAM

"CARDBOARD WITH ALU LOOK"

FOAM

PP PART

Camembert PRÉS

DISPOSABLE WOOD

ATLAS THICK CARDBOARD

MAISON VAN DEN BOER

WOOD "FINEER"

THICK CARDBOARD

반벨로 전략+디자인(VanBerlo Strategy + Design)

헬리오스(Helios) 음식 서비스를 위한 일회용 기내식 박스 (2005). 기내식을 담을 용기와 트레이는 각 항공사(예. 에어프랑스의 비즈니스 좌석용)에 맞추어 디자인했다.

선 스케치는 페인터를 사용해 직접 그렸고, 사진과 그래픽 요소, 질감 표현은 후에 페인터나 포토샵으로 추가했다. 이렇게 하면 보다 실제 같고 뚜렷한 특징을 갖는 스케치가 완성되고, 의도한 모양과 느낌을 효과적으로 빠르게 전달할 수 있다.

사용자 환경

디자인 아이디어가 독특한 경우라면, 알아보기 쉽고 친숙한 배경이나 환경 안에서 드로잉해야 사람들이 제품의 용도나 크기, 의도 등을 파악할 수 있다.

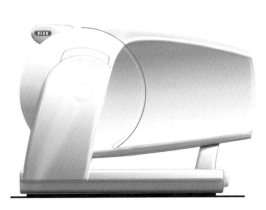

웰 디자인(WeLL Design)

웰 디자인은 주방용품 회사 De Koningh(베르켈Berkel Produktie Rotterdam의 후신)이 50년 이상 판매해온 제품 '834'의 뒤를 잇는 새로운 고기 슬라이서를 개발했다. 알루미늄과 스테인리스 스틸로 이루어진 하우

징(커버)을 디자인하는 데 있어 품질과 위생, 기술이 핵심 요소였다. 특히 시장에서 제품의 위생은 중요한 문제다. 이러한 측면에서 이 제품은 깔끔하게 통합된 엔진 하우징 덕분에 손쉬운 세척이 가능해 위생적이다. 쭉 뻗은 슬라이서(예시의

그림)와 함께 중력을 사용하는 슬라이서를 디자인했다. 3D 드로잉은 종이 드로잉으로 시작해 스캔한 뒤 포토샵으로 에어브러시 처리했다. 측면 드로잉은 일러스트레이터로 시작해 페인터로 마무리했다. 제품을 사용하는 환경이 연상

될 수 있도록 드로잉 시점을 적절히 혼합했다.

디자이너 : Gianni Orsini,
Thamar Verhaar

물체의 일부와 드로잉 혼합

일반적으로 알아보기 쉬운 주변 환경이나 전형적인 물체는 크기를 가늠하는 척도 역할을 한다. 예시 드로잉에서 기존에 존재하는 자동차를 언더레이로 활용한 것은 두 가지 기능을 한다. 즉 디자이너가 형태 비율을 맞출 때 언더레이 밑그림이 기초가 될뿐 아니라 드로잉 작업의 속도를 높여준다. 기존의 바퀴를 그대로 드로잉에 사용하면 이 역시 척도 역할을 하고, 브레인스토밍 스케치에 현실감을 불어넣어 줄 수 있다. 드로잉에 크기를 가늠할 수 있게 하는 사실적인 요소를 포함하면 이점이 많다. 아이디어가 분명해질수록 디자인과 관련된 의사결정에 도움이 되고, 프레젠테이션에 사용하면 효과적으로 청중의 주의를 끌 수 있다. 이렇게 현실감 있는 요소를 드로잉에 첨가하면, 드로잉의 느낌이 단순한 '생각'에서 신뢰할 수 있고 설득력 있는 제품으로 변화한다.

레이어 블렌딩 옵션은 색감이나 대비 측면에서 그림과 드로잉이 보다 잘 어울릴 수 있는 다양한 방법을 제공한다. 예시의 선 드로잉은 종이에 먼저 그린 다음 스캔한 것이다. 대형 브러시를 이용해서 살짝 불투명하게 표현한 그림자의 명암 그러데이션은 수작업으로 진행했는데, 대부분 이렇게 하면 일반적인 그러데이션 도구를 사용하는 것보다 자연스러운 결과를 얻을 수 있다.

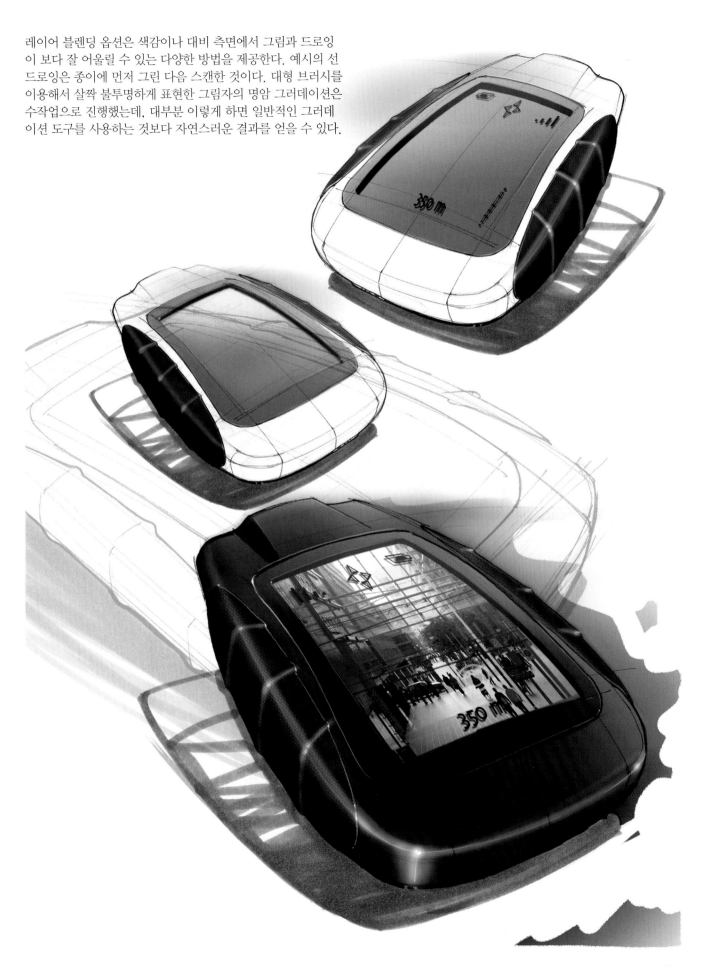

이미지와 드로잉 혼합

이미지를 사용하는 것은 분위기나 스타일 요소를 스케치에 표현하는 효과적인 방법이다. 어떤 경우에는 무드나 분위기같이 제품과 관련된 배경이나 상황이 제품의 외관 자체만큼 중요할 때가 있다.

제품과 관련된 배경이나 상황을 사진과 함께 간단히 표현할 수도 있다. 이 과정에서 사진과 드로잉의 관계는 작업을 하면서 완성해 나갈 수 있다. 대부분의 경우 사진은 색채, 대비, 디테일 같은 요소로 이목을 끌게 된다. 간단한 스케치와 보충 역할의 이미지를 결합할 때는 반드시 둘 사이의 균형점을 찾아야 한다.

손

여러 가지 이유로 제품 드로잉에 손을 활용할 수 있다. 예시와 같은 드로잉을 제품의 사용법, 제품의 크기, 손으로 제품을 사용하는 법 등을 설명하는 데 사용할 수 있다. 디자이너에게 손을 드로잉하는 것이 때로는 제품의 잠재적인 사용법을 제시하는 출발점이 되기도 한다.

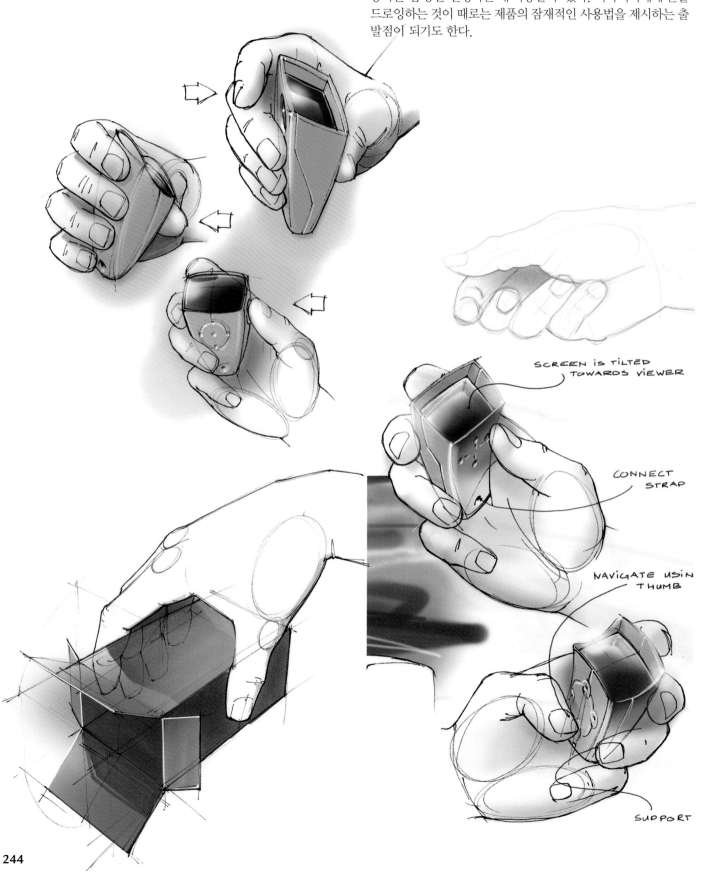

SCREEN IS TILTED TOWARDS VIEWER

CONNECT STRAP

NAVIGATE USIN THUMB

SUPPORT

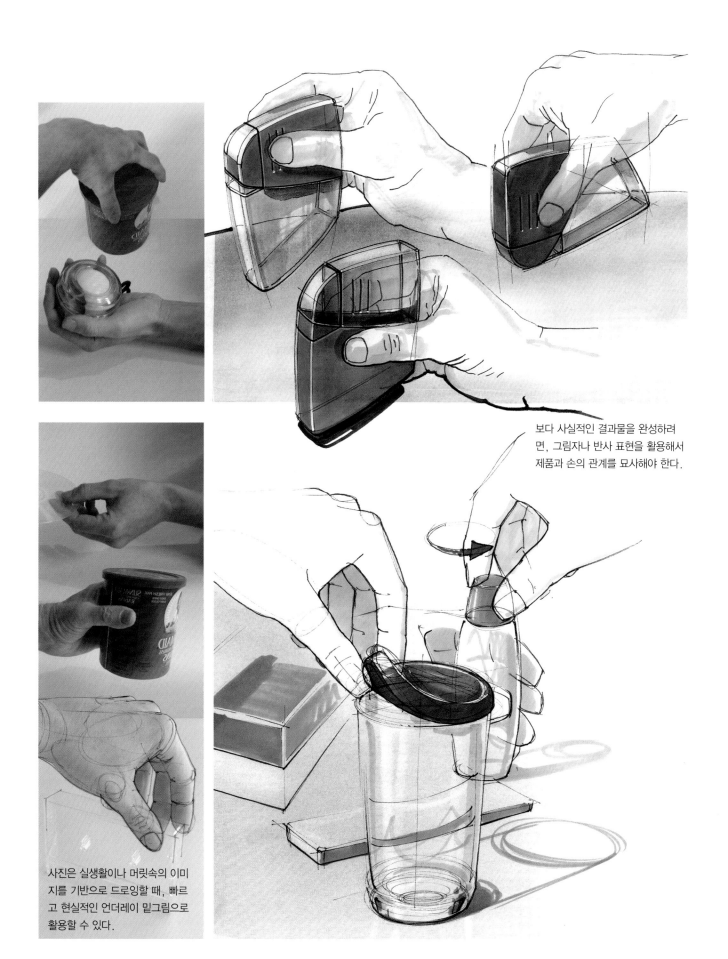

보다 사실적인 결과물을 완성하려
면, 그림자나 반사 표현을 활용해서
제품과 손의 관계를 묘사해야 한다.

사진은 실생활이나 머릿속의 이미
지를 기반으로 드로잉할 때, 빠르
고 현실적인 언더레이 밑그림으로
활용할 수 있다.

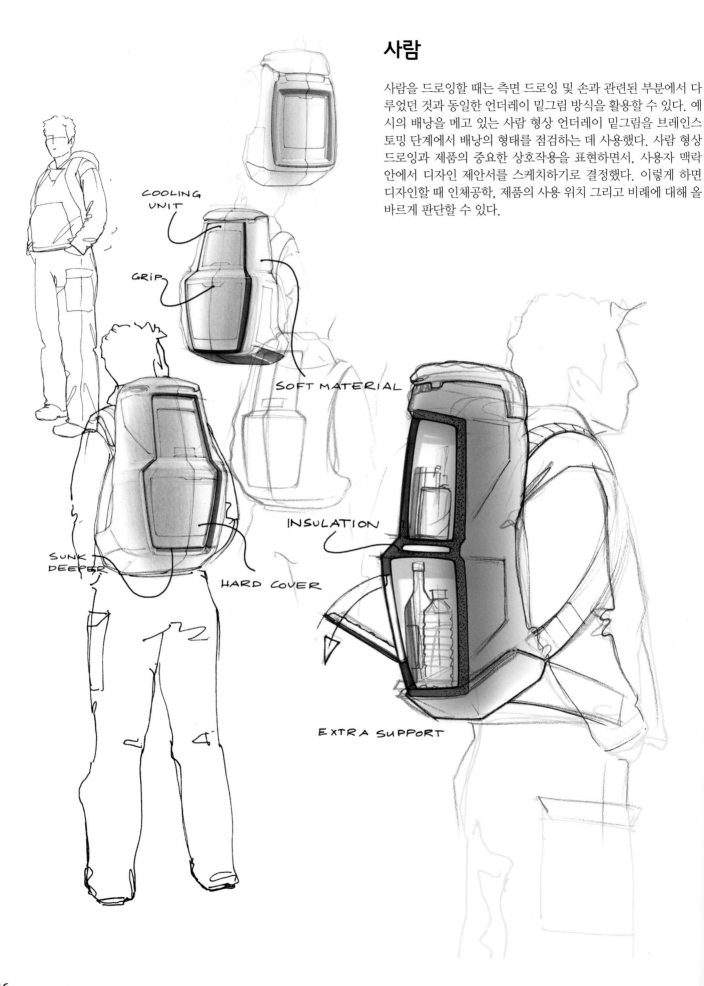

사람

사람을 드로잉할 때는 측면 드로잉 및 손과 관련된 부분에서 다루었던 것과 동일한 언더레이 밑그림 방식을 활용할 수 있다. 예시의 배낭을 메고 있는 사람 형상 언더레이 밑그림을 브레인스토밍 단계에서 배낭의 형태를 점검하는 데 사용했다. 사람 형상 드로잉과 제품의 중요한 상호작용을 표현하면서, 사용자 맥락 안에서 디자인 제안서를 스케치하기로 결정했다. 이렇게 하면 디자인할 때 인체공학, 제품의 사용 위치 그리고 비례에 대해 올바르게 판단할 수 있다.

COOLING UNIT

GRIP

SOFT MATERIAL

INSULATION

SUNK DEEPER

HARD COVER

EXTRA SUPPORT

프레젠테이션 할 때 사용하는 것처럼 완성된 단계의 드로잉에
서 사람 이미지는 또 다른 기능을 한다. 이러한 이미지를 드로
잉에 활용하면 누구나 사람의 형태를 알아볼 수 있기 때문에 디
자인계에 종사하지 않는 사람들이 배낭의 크기, 비례, 사용법
을 오히려 더 쉽게 이해할 수 있다.

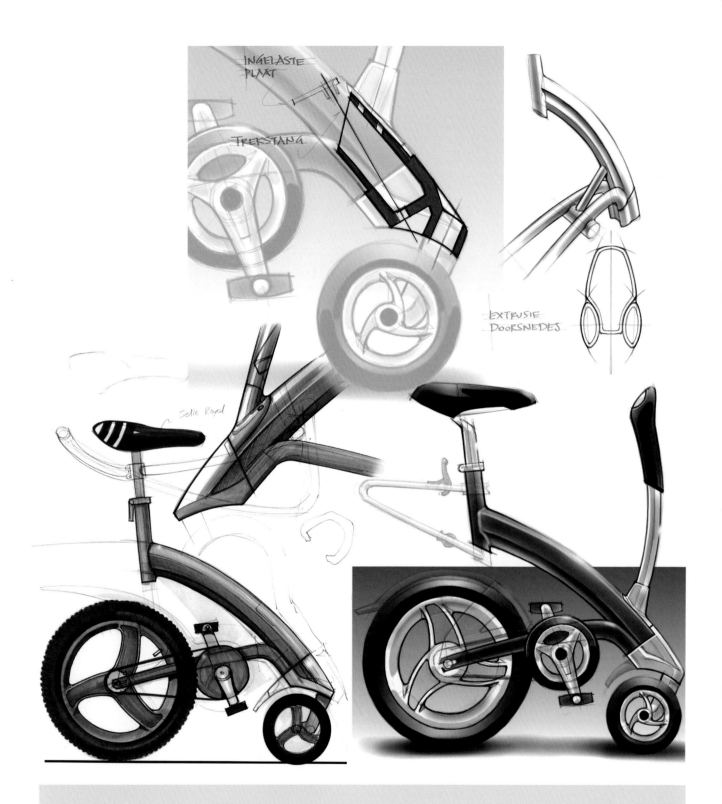

INGELASTE PLAAT

TREKSTANG

EXTRUSIE DOORSNEDES

Selle Royal

자전거나 SQRL 같은 자전과 관련 제품은 보통 2D로 스케치한다. 하지만 투시도에 입각한 스케치 법도 빠질 수 없다. 프로젝트의 목적을 효과적으로 전달하려면 제품 사용을 연상할 수 있는 스케치를 제작해야 한다. 디지털 스케치 기법을 활용하면 멀티레이어(multilayer) 기능을 활용할 수 있다. 스케치 단계의 결과물로 앞부분은 알루미늄으로 되어있는 우아한 활 모양의 프레임을 완성했다. 또한 통상적인 자전거 운전대를 제거하면서 깔끔한 프레임을 보여주고 있다.

반더비어 디자인(Van der Veer Designers)

SQRL, 2006. SQRL은 8세 이상의 아동을 대상으로 한 방향 조종
이 매우 쉬운 장난감이다. 무게중심을 옮기는 것으로 방향을 조
종할 수 있다. 두 개의 앞바퀴는 방향을 틀 수 있게 회전한다. 손
잡이는 균형을 잡고 지탱해 주는 역할을 한다.

고객: Nakoi 디자이너 : 피터 반더비어(Peter van der Veer), 릭 데 루베르(Rik de Reuver), Joep Trappenburg,
Michiel Henning, Dick Quint와의 협업.

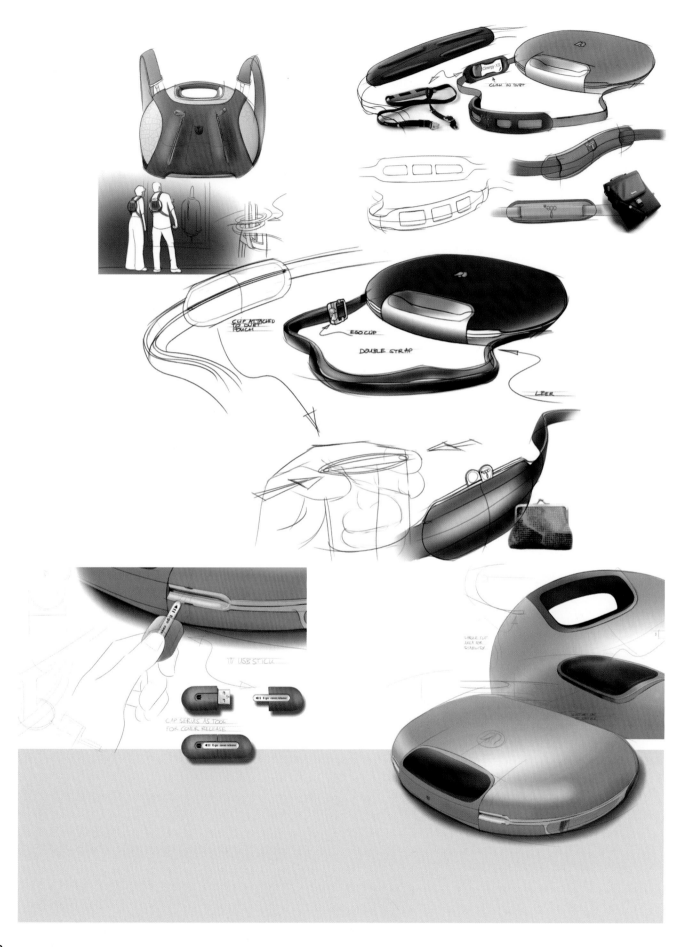

CLIP ATTACHED
TO SURF
POUCH

EGO CLIP

DOUBLE STRAP

LEER

CLICK IN DIRT
energy XS

USB STICK

CAP SERVES AS TOOL
FOR COVER RELEASE

LARGE FLAT
AREA FOR
STABILITY

반벨로 전략+디자인(VanBerlo Strategy + Design)

에고 노트북(Ego notebook), 에고 라이프스타일 BV(Ego Lifestyle BV) 의뢰, 2006.

하이엔드 럭셔리 라이프스타일을 표방하는 에고 노트북은 개인 맞춤형으로 다양한 스킨 커버를 제공하며 핸드백처럼 들고 다닐 수 있다. 여러 디자인 단계를 거치는 동안, 아이디어를 창출하고 전달하기 위해 다양한 매체를 혼합한 디자인을 시도했다. 아이디어를 생성하고 디자인의 기술적 및 감정적 요소에 관한 의사소통을 할 수 있도록 컴퓨터 렌더링과 전통적인 드로잉 기법을 함께 사용했다. 에고 노트북처럼 새로운 종류의 제품을 소개하기 위해서는 강력한 이미지가 필요했는데, 이미지를 활용해서 제품이 사용될 라이프스타일 맥락 안에 노트북을 배치할 수 있었다.

참고문헌

Eissen, Koos, Erik van Kuijk, and Peter de Wolf. *Product presentatietekenen*. Delft, the Netherlands: Delftse Universitaire Pers, 1984.

Gill, Robert W. *Rendering with pen and ink.* London: Thames and Hudson Ltd, reprinted 1979.

IDSA (Industrial Designers Society of America). *Design Secrets: Products*. Gloucester, USA: Rockport Publishers Inc, 2001.

IDSA (Industrial Designers Society of America), Lynn Haller and Cheryl Dangel Cullen. *Design Secrets: Products 2*. Gloucester, USA: Rockport Publishers Inc, 2001.

Fitoussi, Brigitte, and Aaron Betsky. *Richard Hutten – Works in Use*. Oostkamp, Belgium: Stichting Kunstboek Oostkamp, 2006.

Gerritsen, Frans. *Evolution in Color*. West Chester, Pennsylvania, USA: Schiffer Publishing, 1988.

Van Hinte, Ed. *Richard Hutten*. Rotterdam: 010 Publishers, 2002.

Itten, Johannes. *The Art of Color*. Hoboken, USA: John Wiley and Sons, 1974; also as a version in Dutch, Baarn, the Netherlands: Cantecleer, 2000.

Krol, Aad and Timo de Rijk. *Jaarboek Nederlandse Vormgeving 05*. Rotterdam: Episode Publishers, 2005.

Lauwen, Ton. De Nederlandse Designprijzen 2006 (The Dutch Design Awards, 2006). Catalogue. Eindhoven: 2006.

Lidwell, William, Kritina Holden, and Jill Butler. *Universal Principles of Design*. Gloucester, USA: Rockport Publishers Inc, 2003.

Mijksenaar, Paul and Piet Westendorp. *OPEN HERE*. New York: Joost Elfers Books, 1999.

Olofsson, Erik and Klara Sjölén. *Design Sketching*. Sundsvall, Sweden: KEEOS Design Books, 2005.

Ramakers, Renny, and Gijs Bakker. *Droog Design: spirit of the nineties*. Rotterdam: 010 Publishers, 1998.

Shimizu, Yoshihru. *Quick & Easy Solutions to Marker Techniques*. Tokyo, Japan: Graphic-Sha Publishing co., Ltd., 1995.

Sue-an van der Zijpp. *Brave New Work* London. Curator contemporary art Groninger Museum, The Netherlands, 2003.

Sue-an van der Zijpp. *The eternal beauty*. Curator contemporary art Groninger Museum, The Netherlands, 2004.

Magazines:
Auto & Design, Torino, Italy
Items, Amsterdam

크레디트

Adidas AG, Herzogenaurach, Germany
www.adidas.com
designer: Sonny Lim
Football Footwear 2001 – 2006

AUDI AG, Ingolstadt, Germany
www.audi.com
project: Audi LeMans seats, 2003
designer: Wouter Kets
chief designer: Walter de'Silva
photography: Audi Design
project: Audi R8 interior, 2006
designer: Ivo van Hulten
chief designer: Walter de'Silva

Studio Jacob de Baan, Amsterdam,
in cooperation with Ken Yokomizo, Milan, Italy
www.jacobdebaan.com
www.yokomizoken.com
project: Big Moon Bad (in cooperation with OptiLED),
2006
product photography: Crisp Photography
model photography: Lorenzo Barassi

VanBerlo Strategy + Design, Eindhoven
www.vanberlo.nl
project: hydraulic rescue tools for RESQTEC, 2005
designers: VanBerlo design team
photography: VanBerlo
awarded: iF Gold Award 2006 / Red Dot 'Best of the
Best' Award 2006 / Dutch Design Award, 2006 /
Industrial Design Excellence Award (IDEA) Gold 2006
project: Disposable in-flight meal boxes for Helios
Food Service Solutions, 2005
designers: VanBerlo design team
project: Ego notebook for Ego Lifestyle BV, 2006
design: VanBerlo design team
photography: VanBerlo

BMW Group, Munich, Germany
www.bmwgroup.com
project: concept sketches
designer: Adriaan van Hooydonk
lead designer: Chris Chapman
photography: BMW Group
projects: / BMW Z-9 concept car / concept sketch
6-series
designer: Adriaan van Hooydonk
photography: BMW Group

DAF Trucks NV, Eindhoven
www.daftrucks.com
project: DAF XF105 truck exterior, 2006
designers: Bart van Lotringen, Rik de Reuver
awarded: 'International Truck of the Year 2007'
project: DAF XF105 / CF / LF truck interior, 2006.
designers: Bart van Lotringen, Rik de Reuver, Gerard
Baten
photography: DAF Trucks
project: DAF XF105 Truck Easy Lift System, 2006
designer: Bart van Lotringen
photography: DAF Trucks

Fabrique, Delft
www.fabrique.nl
project: Eye-on-you for Hacousto/Dutch Railways
(NS), 2006
designers: Iraas Korver and Erland Bakkers
photography: Fabrique
photo: Rotterdam Droogdok furniture, 2005
designers: Emiel Rijshouwer and Jeroen van Erp
photography: Bob Goedewaagen

Feiz Design Studio, Amsterdam
www.feizdesign.com
project: N70 Smartphone for Nokia, 2005
designers: Khodi Feiz in collaboration with Nokia
Design
photography/rendering: Feiz Design Studio
project: personal sketchbook
designer: Khodi Feiz

FLEX/theINNOVATIONLAB, Delft
www.flex.nl
project: portable hard disk for Freecom, 2004
photography: Marcel Loermans, The Hague
project: mail handling systems for TNT, 2004-2006
photography: Marcel Loermans
project: Cable Turtle for Cleverline, 1997
photography: Marcel Loermans
project: regular bike for Batavus, 2002

Ford Motor Company, Dearborn, USA
www.ford.com
project: Ford Bronco concept car, 2004
designer: Laurens van den Acker
chief designer: Joe Baker
project: Ford Model U concept car, 2003
designer: Laurens van den Acker
project: Ford Model U Tires in cooperation with
Goodyear, 2003
designer: Laurens van den Acker
photography: Ford Motor Company, USA

Guerrilla Games, Amsterdam
www.guerrilla-games.com
project: Killzone2 for SonyPlaystation3 (work in
progress)
designers: Roland IJzermans and Miguel Angel
Martínez

Jan Hoekstra Industrial Design Services, Rotterdam
www.janhoekstra.com
project: cookware for Royal VKB, 2000
awarded: Design Plus Award 2002, Red Dot Award
2003, Grand Prix de l'Arte 2004
photography: Marcel Loermans
photos: Mix and Measure for Royal VKB, 2005
photography: Marcel Loermans

Richard Hutten Studio, Rotterdam
www.richardhutten.com
project: part of the Hidden Collection, 2000
designer: Richard Hutten
computer renderings: Brenno Visser
photography: Richard Hutten Studio
photo: Sexy relaxy, 2001/2002
Design and photography: Richard Hutten Studio

IAC Group GmbH, Krefeld, Germany
www.iacgroup.com
project: Dashboard and centre console, 2005/door
panel concept sketches, 2006/centre console stowage
concept, 2005
designer: Huib Seegers

Studio Job, Antwerp, Belgium.
www.studiojob.nl
projects: Rock Furniture, 2004/Rock Table, 2004/
Biscuit, 2006
designers: Job Smeets and Nynke Tynagel
photography: Studio Job

Studio Jan Melis, Rotterdam
www.janmelis.nl
project: Motel Insomnia, 2007
project: Luctor et Emergo exhibition for CBK Zeeland,
2006
photography: Studio Jan Melis
rendering: Easy chair
Design and rendering: MNO (Jan Melis and Ben
Oostrum)
boo | ben oostrum ontwerpt, Rotterdam www.
boontwerpt.nl

MMID, Delft.
www.mmid.nl
project: Logic-M Electrical Scooter for Ligtvoet
Products BV, 2006
photography: MMID
project: KeyFree System for i-Products, 2006
photography: MMID

studioMOM
www.studiomom.nl
project: dinnerware collection for Widget, 2006
designers: studioMOM, Alfred van Elk and Mars
Holwerda
photography: Widget
project: Ontario bathroom line for Tiger, 2006
designers: studioMOM, Alfred van Elk and Mars
Holwerda
photography: Tiger
photo: Pharaoh furniture line, 2005
awarded: selected for the Dutch Design Awards 2005
design and photography: studioMOM, Alfred van Elk
industrial design, www.alfredvanelk.com

npk industrial design bv, Leiden
www.npk.nl
project: Two Speed Impact Drill for Skill, 2006
project: Sport Kids family sledge for Hamax, 2007

Pilots Product Design, Amsterdam
www.pilots.nl
project: Tabletop phone for Philips, 2005
designers: Stanley Sie and Jurriaan Borstlap
project: PDA concept, 2006
designers: Stanley Sie and Hans de Gooijer
project: bathroom concept for Vitra Bathrooms, 2004
designers: Stanley Sie and Hans de Gooijer

Pininfarina S.p.A., Torino, Italy
www.pininfarina.com
project: Nido concept car, 2004
designer: Lowie Vermeersch
photography: Pininfarina S.p.A.
awarded: 'Most Beautiful Car of the Year'
project: Primatist G70 Leisure speed boat for
Primatist.
designer: Doeke de Walle
photography: Pininfarina S.p.A.

Remy & Veenhuizen ontwerpers, Utrecht
www.remyveenhuizen.nl
project: Meeting Fence for CBK Dordrecht, 2005
designers: Tejo Remy and René Veenhuizen
photography: Herbert Wiggerman
photos: Bench, part of the interior of VROM canteen
in The Hague, 2002
photography: Mels van Zutphen

Atelier Satyendra Pakhalé, Amsterdam
www.satyendra-pakhale.com
project: Amisa, sensorial door handle for Colombo
Design SPA, Italy, 2004
designer: Satyendra Pakhalé
photography: Colombo Design SPA
project: Add-on Radiator, for Tubes Radiatori, Italy,
2004
designer: Satyendra Pakhalé
photography: Tubes Radiatori, Italy

SEAT, Martorell, Spain
www.seat.com
project: Seat Leon prototype concept, interior and
seats, 2005
designer: Wouter Kets
chief designer: Luca Casarini

SMOOL Designstudio, Amsterdam
www.smool.nl
project: multimedia TV concept, 2006
designer: Robert Bronwasser
project: mobile phone concept, 2006
designer: Robert Bronwasser
photo: Bo-chair, 2003
design and photography: SMOOL Designstudio

Spark Design Engineering, Rotterdam
www.sparkdesign.nl
project: explosion-proof level gauges, 2006
project: Desktop Video Magnifier, 2005
project: Personal Power Duo Pump, 2005
photography: Spark Design Engineering

Springtime, Amsterdam
www.springtime.nl
Client: Wieden+Kennedy
project: UPGRADE! Football Campaign for Nike
EMEA, 2005
designer: Michiel Knoppert
computer rendering: Michiel van Iperen
photography: Paul D. Scott

Tjep., Amsterdam
www.tjep.com
project: Scribbles, 2004
designer: Frank Tjepkema
photography: Tjep

Van der Veer Designers, Geldermalsen
www.vanderveerdesigners.nl
project: Comfort Seat for Gazelle, 2006
designers: Rik de Reuver, Albert Nieuwenhuis
photography: Van der Veer Designers
project: SQRL, for Nakoi, 2006
designers: Peter van der Veer, Rik de Reuver, Joep
Trappenburg, Michiel Henning, in collaboration
with Dick Quint
photography: Van der Veer Designers

WAACS, Rotterdam
www.waacs.nl
project: Senseo coffee machine, for Douwe Egberts/
Sara Lee and Philips, 2002
photography: WAACS
project: I-Tronic for Velda, 2002
project: webcam concepts for Microsoft Corporation,
1999
project: 'Screen Sketching Foil', column by Joost
Alferink for VrijNederland, 2006

Marcel Wanders Studio, Amsterdam
www.marcelwanders.com
project: Zeppelin Lamp for Flos S.p.a., 2005
designer: Marcel Wanders
photography: Flos S.p.a., Italy

Dré Wapenaar, Rotterdam
www.drewapenaar.nl
projects: Treetents, 1998 and Tentvillage, 2001
designer: Dré Wapenaar
photography: Robbert R. Roos

WeLL Design, Utrecht
www.welldesign.com
project: hairdryer product line for Princess, 2005
designers: Gianni Orsini and Mathis Heller
product photography: Princess
project: espresso machine series for Etna Vending
Technologies, 2004
designers: Gianni Orsini and Mathis Heller
project: meat slicer product line for De Koningh Food
Equipment, 2004-2007
designers: Gianni Orsini and Thamar Verhaar

출판사와 저자는 이 책에 수록된 모든 이미지의 사용권
을 얻기 위해 최선을 다했습니다.

사진 출처

photo and renderings: Biodomestic, 2001
winner of the European Design Competition 'Lights of the future'
design and photography: Hugo Timmermans and Willem van der Sluis:
Customr
www.customr.com
photo: Leaning Mirror, 1998
design: Hugo Timmermans, Amsterdam. www.optic.nl
photography: Marcel Loermans

photo: The Carbon Copy
design and photography: Studio Bertjan Pot, Schiedam. www.bertjanpot.nl

photo: Cinderella table
studio DEMAKERSVAN, Rotterdam
www.demakersvan.com
design: Jeroen Verhoeven
photography: Raoul Kramer

photo: Dutchtub
design: Floris Schoonderbeek
Dutchtub, Arnhem. www.dutchtub.com
photography: Dutchtub USA/product photography: Steven van Kooijk

photo and drawing: chair ELI, 2006
design: Studio Ramin Visch, Amsterdam
www.raminvisch.com
photography: Jeroen Musch

photo: Functional Bathroom Tiles/Functional Kitchen Tiles, 1997-2001
designers: Erik Jan Kwakkel, Arnhem. www.erikjankwakkel.com
Arnout Visser, Arnhem. www.arnoutvisser.com
Peter van der Jagt, Amsterdam photography: Erik Jan Kwakkel

photo: Honda BF 90 outboard engine
Honda Nederland B.V. www.honda.nl

photo: KitchenAid Ultra Power Plus Handmixer
design: KitchenAid
photography: Whirlpool Corporation

photo: Marie-Louise, 2002 Buro Vormkrijgers, Eindhoven
www.burovormkrijgers.nl
design: Sander Mulder & Dave Keune
photography: Sander Mulder

photo: Shady Lace, 2003
design and photography prototype: Studio Chris Kabel, Rotterdam.
www.chriskabel.com
outdoor photograph: Daniel Klapsing

photos: Spineless Lamps, 2003/Two of a kind, 2004
design and photography: Studio Frederik Roijé, Amsterdam/Duivendrecht.
www.roije.com

photos: trainticket, page 69/2 rolls of toiletpaper, page 77/moorings,
page 100/Cd boxes, page 85
photography: Yvonne van den Herik

all other photos: the authors

cartoons: Jan Selen
JAM visueel denken, Amsterdam,
www.visueeldenken.com

대한민국을 대표하는 디자인 전문 출판사 유엑스리뷰는
디자이너들이 꼭 읽어야 할 내용을 담은 서적을 만듭니다.
UX, 제품 디자인, 시각 디자인, 디자인 경영 등 유엑스리뷰의
다양한 디자인 콘텐츠를 주요 온라인 서점에서 검색하세요!